再

What Is
Regeneration
?

生

幹細胞治療、再生醫學，生命科學研究新趨勢

Jane Maienschein & Kate MacCord

珍・梅恩沙茵、凱特・麥蔻德

徐仕美—————譯

目次

前言

　　2016 年，詹姆斯・麥克唐納基金會（James S. McDonnell Foundation）的執行長費茲派翠克（Susan Fitzpatrick）鼓勵我們思考如何「把科學史和科學哲學與生命科學結合在一起」。我們一向主張，歷史觀點和哲學分析（也就是科史哲研究）能夠讓生命科學變得更好。費茲派翠克希望我們示範。由此催生了一場工作坊，進而獲得基金會撥款補助，讓我們探索進行跨領域研究的不同方法。我們設立了生物多樣性、細胞生物學、發育生物學共三個工作小組，後來發展成更大型的計畫。但是每一組仍然聚焦於生物學的特定領域。費茲派翠克敦促我們找出一個跨越生物各領域的課題，探問有何主題貫穿生命的各種尺度。我們同意會集中在麻州伍茲霍爾（Woods Hole）海洋生物實驗室（Marine Biological Laboratory）的社群進行，由於我們都在那裡任職。

事實證明，生物學家變得很興奮，因為有機會從不同尺度檢視生命，卻同時擔憂這項任務太巨大也太冒進。經過許多次對談，以及工作小組的交流，最後我們選擇了「再生」（regeneration）這個題目。對於發育生物學家和細胞學家來說，生物個體與部位的再生是很熟悉的議題，然而到底什麼情形才可說是再生，他們認定的範圍並沒有達成一致共識：胚胎從損傷中復原就是再生嗎？對於神經生物學家而言，再生關係著再生醫學的希望，但是他們不太清楚再生的程度能到多大，以及某些細胞的再生能否修復受損的神經系統。研究生態系的生態學家表達了疑慮：沙丘復育算是再生嗎？微生物學家問到，修復微生物群落（microbial community）是否意謂再生或某種汰舊換新？顯然，生物學家對於再生有不少疑問，比答案還多。

這就是科史哲（HPS）觀點能對研究做出許多貢獻之處。我們決定把五個工作小組結合在一起，每一個小組都至少有一位歷史學家、一位哲學家與一位生物學家。對於好比說神經生物學、幹細胞生物學、生殖細胞系研究、生態系生態學、微生物演化學而言，再生的意義是什麼，又要如何研究？把這些擺在一起來看，我們學到了什麼？再生是什麼，特別是有哪些因子和哪些規則主導再生過程？真的有一套再生邏輯，也就是一組規則，貫穿生物學的各個領域以及生命的各種尺度嗎？

　　將這些問題放在不同領域進行更大規模的研究，一直是非常有趣的事。我們一起研究，定期見面，比較想法，並探究大家提出的詮釋，因而產生了許多新見解。我們把這些收穫集結成這本書。

　　梅恩沙茵（Jane Maienschein）是生命科學史學家與哲學家，特別專注於發育及細胞生物學，她仔細檢視科學細節，同時探詢更廣闊的社會脈絡。她帶領亞利桑那州立大學的生物與社會中心（Center for Biology and Society）以及海洋生物實驗室的科學史與科學哲學計畫（History and Philosophy of Science program）。她主導詹姆斯・麥克唐納基金會的獎助計畫。麥蔻德（Kate MacCord）從亞利桑那州立大學獲得博士學位，目前是生物史學家及哲學家，並擔任麥克唐納計畫的共同主持人。她協調各工作小組，促使挖掘困難問題的討論更加活躍。我們一起提出問題、提供建議、開啟討論，這些都會透過書籍繼續下去，也將延伸到這系列薄書、工作坊，以及海洋生物實驗室等地的走廊與實驗室。我們邀請你加入這場有意思的活動，協助琢磨問題，提供更多建議。

第 1 章

再生這種概念

　　想像你一大早起床，渴望吃個貝果並來杯咖啡。不幸的是，你切貝果時割傷手指，沖咖啡時燙傷了手。於是你的皮膚進行再生，汰換受傷細胞，傷口大概會癒合。沒多久，你就忘掉這些割傷與燙傷。但是你也可能得到感染，必須接受強效抗生素的治療。抗生素使你的腸胃不適，因為抗生素殺死正常情形下幫忙消化食物再轉換成可用能量的微生物。幸好大部分情況中，優格或其他「益生菌」等微生物會修復整個系統，重建系統的功能，讓消化作用再度恢復正常。接著，你為了讓自己好過點，可能前往心愛的森林營地。那裡發生過一場大火，燒死許多樹，留下滿目瘡痍，但是已經有新苗冒出，象徵生命的汰舊換新與再度重生。

在上述例子中，像是你的手指、消化系統以及森林，這些受傷的系統產生適應反應，進行局部修復，使整個系統的結構和功能復原。這些類型的再生有哪些方面的異同？從每一種生命系統（living system）內的再生，我們能學到什麼，我們如何把這些知識轉譯到其他系統並進行比較？政策制訂者、生物學家、歷史學家、哲學家、學生、教師及一般讀者，若能了解再生並想像這種過程怎樣在生命各尺度運作，都將能從中獲益。這本書的目的，是幫助讀者建立新觀點，把再生視為生命系統的一種過程。這種新觀點也會讓讀者體認到，所有生命系統是如何交織相連且互相影響。

一旦認識到其中的相似與關連，我們就能把某種尺度下生命系統的再生知識，應用在其他尺度的系統，因而可能治療那些使身體衰弱的退化疾病，甚至療癒受創的地球。這本書簡介了跨越各生命系統的再生概念，希望針對想學習如何在未來修復損傷的人，以及了解未來是由現在與過去造成的人，把這種想法介紹給這些讀者。雖然這本書把焦點放在生物個體的再生，卻是一系列書籍的開路先鋒，這系列將會進一步檢視不同尺度的生命，包括幹細胞、生殖細胞系、神經系統、微生物群落、生態系。

這本書裡，我們提倡一種「以系統為基礎」的途徑（取向）來了解再生。那麼，在這種脈絡下的「系統」是什麼意思？系統是由一組單元組成，單元之間以協調方式產生交互作用。如此構成的整體遵循一些規則和原理，讓單元能夠進行某種溝通與整合，整個系統因而反應靈敏且可受調節。於是萌生一種「以系統為基礎」的途徑，試圖了解系統的組成單元、單元之間的交互作用，以及支配它們的規則。我們說的系統，幾乎可以是任何尺度下的系統。你腸道裡的微生物是一個系統，合力使你手指傷口癒合的細胞構成另一個系統，位於你最愛營地的物種與無機物質還能組成更多系統。

　　或許有人會把我們的途徑與「系統生物學」（systems biology）這個領域搞混，系統生物學運用計算科學與數學分析來模擬複雜的生物系統，但我們做的事截然不同。我們知道，常見的情形是，研究不同尺度系統的生物學家甚至不會想到自己的發現和其他尺度有何關連，舉例來說，當我們提出想法說，森林再生的方式與手指皮膚再生一樣，生態系生態學家有時會覺得困惑。然而，檢視這種由單元整合而成的可調節整體，透過跨生命尺度的比較，我們看到許多相似之處，進而看到其中的價值。為了做到這一點，我們想要敦促讀者（以及自己）反思，我們如何從特定方式與不同系統來著手思考再生（透過歷史），以及我們如何知道這些再生知識（透過哲學）。

　　針對再生的研究，提供了大量關於生命系統內不同面向的再生知識，特別是生物個體的層面。然而，這些研究著眼於局部和細節，而非整個系統，因而還停留在化約主義的觀點。例如，許多研究專注在特定神經細胞，以及它們運作的方式，卻非整個神經系統。例如，有些研究專注在森林大火後某些物種的重生，而不是整個生態系，以及多物種組成的大型互動群集如何在變動環境中共同交互作用。這種情形下，狹隘聚焦使我們更不可能看到整片森林，也更不可能了解這會如何影響未來，以及為了應對氣候變遷和系統性損害，我們需要做什麼準備。

我們對於不同生命系統的再生知識日益增長，為了比較並開始從中學習，首先需要確定是否有左右各種尺度的再生的規則集合，也就是所謂的一套「邏輯」。無論什麼尺度的系統，都能歸納出特徵——系統內單元的類型、單元之間關係的類型，以及影響它們交互作用的規則集合。單元類型可能是再生肢體上的一群群細胞或分子，或是微生物群落或生態系中的特定物種。我們所說的「類型」，由它們在再生系統內扮演的角色或功能來定義。在生物體內，互動關係中的單元彼此會有交互作用，於是再生肢體裡的某些細胞可能啟動再生，活化其他細胞增生，而其他細胞則調節這些增生細胞形成替代組織。在微生物群落內，不同種微生物以類似的複雜方式產生交互作用，有些物種消失，另有一些物種取而代之。

因為從「類型」來理解交互作用和單元，它們在受損結構或功能的再生過程中會遵循模式與規則集合，也就是影響單元與關係如何作用的一套邏輯。因為再生發生於系統內，而且所有系統都可歸納出這樣的特徵，每一種生命系統各有一套再生邏輯，掌控再生於何種條件下怎麼進行。並非所有生命系統都有相同的邏輯，雖然這個問題還沒有答案，而且也正是這系列書籍所要探究的。儘管如此，這些規則集合，也就是邏輯當然有共同的特點，於是我們開啟並擴大討論這些共同點的本質。我們提問，再生在不同尺度下是否代表同一件事：各類型再生系統會做同樣的事，還是會做不同的事？跨越所有類型的生命系統，是否有一套潛在的邏輯，或者有不同的邏輯？

有一些傳統生物學家肯定會問：「這有什麼關係嗎？」由於透過典型的化約途徑，專注於獨立的不同尺度，生命科學已經成功取得許多進展，那麼為什麼還要費事，採取以系統為基礎的大規模途徑，尋找並比較橫跨生命系統的再生邏輯？因為我們相信，對於微生物群落、神經元及森林這樣截然不同的系統，比較系統內或跨系統的再生運作邏輯，可以打開一種充滿可能性的領域，能夠從每一種系統及一般生命獲得意想不到的新奇發現。

例如，再生醫學的一項目標，是修復導致人類癱瘓的斷絕脊椎神經元。科學家觀察從小鼠到七鰓鰻等一系列生物的脊椎神經元再生，並且比較每一種生物的再生情形，得到許多見解。從多樣性研究的觀點，讓科學家了解到，人類缺少什麼因子，才讓我們的脊椎神經元無法再生。這些共同點的部分答案在於基因和基因表現，部分答案在於系統單元交互作用的方式。

現在想像一下，如果我們進一步擴展觀點，把脊椎神經元的再生與腸道微生物群系（microbiome）恢復人體健康功能的情形相比，而這些微生物的方式是建立與再生前群落有相同功能的新群落結構。如果我們可以從一種系統提取出邏輯，並比較這套邏輯在其他類型的系統中如何運作，那麼對於脊椎神經元再生的理解究竟少了什麼，我們應該能獲得更多見解，甚至可能想出如何重新設計我們的系統，以進行更有效率的再生。

跨越不同尺度系統的思考還有另一項優點，這要回到所有生物的連結性來看。生物和生態系都可作為微生物群系的寄主，而微生物群系回過頭來提供關鍵功能，維持微生物、生物及生態系的健康順暢。生態系由一些大型生物網路組成，生物會有交互作用，影響彼此的生活。地球上的生命是一種網路，由互相影響的生命系統交織而成，我們清楚看到人類在當代造成的全球影響，當前的年代被稱為人類世（Anthropocene），正因為人類的活動成為一股全球力量主導這個時代。所有生命系統彼此相連，要是我們認為可以完全理解某個系統內的再生，卻不需要理解其他尺度下的再生，那就太短視了。

藉由認真把再生視為各類型生命系統至少在某些方面共有的現象，並受到一套共同規則或邏輯的支配，我們就是在致力於讓知識能在生命系統內或跨系統進行轉譯與轉移。如果我們想要達成再生醫學的目標，如果我們想要更了解地球，以減輕人類世的災害，那麼知識轉移是必需的雄心壯志。這本輕薄短小的書並沒有提供答案，也沒有提出再生的大一統理論。相反的，這本書把問題攤開來，邀請我們思考跨越所有生命尺度的再生是何種概念。

　　再生不是新的概念，雖然一開始的焦點在於生物個體與它們的構造。希臘神話中的普羅米修斯親眼見識到器官能夠再生的詛咒與祝福。普羅米修斯偷了火給凡人，諸神的處罰方式總是充滿創意，他們將普羅米修斯用鏈條拴在岩石上，讓他每天遭受老鷹的攻擊。老鷹白天啄普羅米修斯的肝臟，到了晚上肝臟又會再生，因此他能活下來，繼續接受折磨。事實上，人類肝臟的細胞可以重新長出細胞，進而修復肝臟的功能。古希臘人當然不知道這件事，但故事裡的真相很耐人尋味。有些人讀了普羅米修斯的故事，覺得不斷受傷的命運很恐怖，有人卻對不斷得到修復滿懷希望。再生醫學使我們身上的傷口能夠再生並獲得修補，相當於現代的普羅米修斯概念，許多人對此感到矛盾，畢竟，玩火可能帶來益處，也可能帶來危險（圖 1.1）。

■■■■■ 圖 1.1

溫斯洛（Terese Winslow）所繪的「再生醫學」。刊登於 2006 年美國國家衛生研究院再生醫學報告的封面。

古希臘人或後來的觀察者不只是把再生當成神話而已，他們也目睹到自然界中的再生現象並留下記載。西元前四世紀的哲學家亞里斯多德對於博物學有廣泛的研究，特別探討了蛇和蜥蜴尾巴的再生。亞里斯多德是細心且深具創造力的觀察家，對世界充滿好奇。他注意到蛇與蜥蜴失去尾巴之後如何再長出新的尾巴，於是從四因說（four causes）對世界的理解，發展出最早的已知理論，來解釋哪些因素導致某些情形下的再生（其他情形卻不會發生）。古代的其他觀察家也說到水螅與蚯蚓能夠再生，提出類似的問題。

　　隨著時間過去，愈來愈多人接受博物學家觀察自然的心得，顯然有些器官、組織，甚至生物，在某些條件下，可以重新長出一部分或整個生命系統，然而有些器官、組織或生物，在任何條件下都無法再生。用正確的方式把蚯蚓切成兩半，你可能會得到兩條扭動的蚯蚓。切除水螅的頭部，牠可能會長出新的頭。切掉人類的一隻手臂，這個人會永遠少一隻手。到了其他尺度，微生物群落遭受破壞後，有時候還能回復功能。據說森林在火災後有時候會復原或再生，雖然並非總是這樣。面臨人類世的氣候變遷，我們可能來到更大的尺度，並且想要知道地球是否能夠進行再生，再度回到健康狀態，還是全球生態系是否將會崩潰。

　　這些系統的例子，都被視為可能出現再生的獨立事件，然而，我們再一次看到這些系統之間有所關連。例如，微生物群系位於蚯蚓、水螅、人類與森林之內。人類在人類世時期是驅動許多改變的主要因素，並且影響全球生態系的健康。生命系統的連結性是指，雖然我們把自然劃分成獨立的單元，試圖從不同尺度了解各系統，但是這些系統一定會給彼此帶來衝擊。看見不同尺度的生命系統發生了某些形式的再生，因而引發了原因、限制、關連與可能性的問題。

然而，當我們思考不同研究人員看待再生的方式，發現他們並非用「再生」來表達同一件事。有時候，再生代表損害或受傷後的系統回到以前，像是再生（re-generation）、回春（re-juvenation）、振興（re-vitalization）、更新（re-newal）、整治（re-mediation）、回復（re-silience）。有時候，再生的定義強調的是結果或最終狀態，例如修復（re-pair）、復育（re-storation）、複製（re-plication）、復原（re-covery）、取代（re-placement）、回復（re-silience）。至於什麼主體能夠再生，研究人員也有不同的想法。顯然生命系統可以再生，但我們必須弄清楚什麼才算是生命系統。如果再生的是系統的組成部分，那麼對於什麼才是系統的組成部分，就會有不同的看法。而何種情形才算是正常狀態，以及相對而言，何種情形才可評定為受傷或損害狀態，還有如何認定再生導致修復或修補，都有不同想法。

對於再生在不同生命系統如何展現，出現各種不同的見解，為了有所領略，我們在這裡看看再生的意義如何隨著時間演變。我們會介紹到著名的十八世紀生物學家，例如瑞奧穆（René-Antoine Ferchault de Réaumur）與錢伯利（Abraham Trembley），他們進行實驗研究可以再生的生物，像是水螅屬（*Hydra*）這一群生活於淡水的微小生物。他們大量探索、觀察、描述，開始想知道不同生物是怎麼再生出某些部位，但卻無法再長出其他部位。我們從歷史思考重要的例子，也提出哲學問題，探問這些研究應該如何進行、哪些能當作證據，甚至他們能否透過切下頭部或其他部位來決定何謂常態。

　　我們接下來會說明，這些早期的摸索工作如何隨著二十世紀生物學家摩根（Thomas Hunt Morgan）、洛布（Jacques Loeb）、柴爾德（Charles Manning Child）的研究而演變，檢視他們研究再生的實驗所採用的方法、如何找出機制，以及如何開始把生物想像為生命系統。他們強調會進行再生的生物是生命系統，這種觀念從二十世紀初開始出現。我們對這些歷史想法在實驗方面的討論，建立了再生思維的傳統脈絡，而這大多限於個別生物與生物的部位之內。

　　以生物個體再生的歷史研究為基礎，我們進入二十世紀下半葉，然後來到二十一世紀，各類型生命系統的現代研究愈來愈多元，讓我們對此產生概要的觀點。我們從細胞開始，特別是神經元、幹細胞，以及生殖細胞。每一個細胞本身就是個別的生命系統。細胞是單獨的生物單元，能在組織裡與相鄰細胞分開，分離到培養皿中，在顯微鏡下監測。細胞也是一大堆蛋白質與構造的集合，這些蛋白質和構造可以溝通與互動，以維持細胞本身的必要功能，還能與周遭細胞一起執行維持個體生命的必要功能。因此，神經元、幹細胞、生殖細胞既是單獨的生命系統，同時是器官、部位、個體等更大系統的單元或局部。

　　一個個細胞聚集組成個體，成為不同類型的生命系統。如同細胞，個體存在於更廣大的環境中，也是族群、群集、生態系等其他互連系統的組成分。生態系包含了微生物群落（本身就是系統），到動物、植物、無機物（例如岩石）等一切事物。這些組成都在維持生態系的永續生命扮演某種角色。因而系統與組成可以從微觀、個體到生態系等不同尺度來定義，我們如何定義系統與組成，會影響到我們對系統內再生的理解。

　　要確認某一系統內是否出現再生，通常需要比較系統受傷前後的狀態。這不是簡單的任務。讓我們回到本章的第一段。你的身體內有一個微生物群系，也就是一群幫助你消化食物的微生物──這是初始狀態。你服用抗生素，殺死腸道裡的微生物群系──這是傷害。然後你吃優格，幫腸道補充細菌，讓你又能消化食物──這是最終狀態。這樣就是再生嗎？使用抗生素之前，你腸子裡的細菌呈現特定的群落結構，有特定的物種集合彼此交互作用，維護腸道健康。後來的結果可能是系統的消化功能得到修復，讓你恢復健康，但是微生物群落很可能大不相同。在這種情形下，系統功能得到再生，雖然整個結構的細節並未真正復原。

微生物群落或生態系的再生很複雜，與細胞或個體的情形一樣不單純。例如七鰓鰻（一種無顎魚類），牠們的脊椎神經元被截斷時會進行再生，使這種基群脊椎動物恢復游泳能力。[1] 另外一個例子是墨西哥鈍口螈（這是一種可愛的蠑螈，深受生物學家的喜愛），牠們能夠重新長出整個肢體，皮膚也能再生，且不留任何疤痕。墨西哥鈍口螈再生出來的肢體和皮膚，結構與功能上顯然與未受損部位十分相像，而大部分系統無法達到這種程度。在這種情形下，我們思考系統受傷前後狀態的方式，以及我們是否認為再生就是結構及（或）功能的復原，都會影響我們對再生是什麼，還有再生是否真的發生，以及發生在何處等問題的思考。

現在回想我們的核心問題：這些再生現象都是同一回事，還是不同的事情？是否有一套潛在的邏輯，跨越不同類型的生命系統？隨著對於再生的生命系統在實驗或詮釋方面的討論展開，我們深入細節，思考一下為何理解再生的重要性是有用的。我們在這個書系所關注的系統——生殖細胞、幹細胞、神經元、微生物群落及生態系，是期盼能夠自我修復這個巨大願望的源頭，為了未來世代的安全穩定，也是為了修復破碎的地球，如果我們能夠推動再生的話。

接著來思考生殖細胞。生殖細胞就是來自於生殖系（germ line）的卵與精子等細胞，讓行有性生殖的物種（好比我們人類）能夠產生後代。生物學家自十九世紀末以來一直有個假設，認為生殖細胞有別於體細胞，而且無法再生。如果生殖細胞遭遇某種傷害或改變，身體無法產生新的生殖細胞，因此不會把細胞傷害傳到未來的世代。在美國，每一年投入了數億美元嘗試弄清楚人類生殖細胞為何不能再生，以及這件事如何造成許多人的難孕狀況。生殖細胞很容易在複雜的生殖過程中陣亡，或是在癌症治療和其他醫療處置中受損，使得很多人不孕。然而，生物學家與醫學研究者對以下假設深信不疑，生殖細胞是一類特別固定的細胞，這一點有別於體內其他細胞，一旦失去這些生殖細胞，人體無法將體細胞轉形成生殖細胞，也就無法讓生殖細胞再生。這些假設造成的結果，使得許多科學家總結，編輯體細胞的基因在倫理上是可接受的，而編輯這些特殊的生殖細胞的基因則否，因為他們認為，對體細胞進行的編輯沒有機會成為生殖細胞的一部分，也不會傳給後代。[2]

在這種脈絡之下，需要注意的重點是，對於生殖細胞的假設是不正確的。近來利用演化比較所做的研究顯示，有一些物種的生殖細胞其實有廣泛的再生能力，而且有時是透過體細胞轉變成生殖細胞達成的。當我們思考到在人類體細胞進行基因體編輯這件事獲得允許的程度，特別是考慮到人類的生殖細胞能夠從體細胞再生的程度與條件仍屬未知，在這些時候，生殖細胞的再生能力會造成深遠影響。

我們對體細胞變成生殖細胞的能力的無知，加上基因體編輯技術的問世，讓這種影響變得很驚人。舉例來說，世界各地的實驗室裡，科學家正致力於編輯癌症相關基因。PD-1是這類基因之一，所產生的蛋白質會防止身體殺死細胞。當這種基因發生突變，會導致免疫系統不正常，因而無法消滅癌症細胞。2020 年 10 月起，有三項經過核准的臨床試驗在美國進行，利用基因體編輯剔除體細胞的 PD-1 基因，再測試對不同癌症的療效。雖然 PD-1 與某些癌症有關，但也在正常免疫反應扮演重要作用角色。有些細胞原本會透過生殖細胞再生之類的過程轉變成生殖細胞，如果它們的 PD-1 基因遭到剔除，獲得這種基因體編輯細胞的小孩很可能會產生嚴重的免疫功能不全。因此，更加了解生殖細胞再生的生物學，將幫助我們釐清基因體編輯的倫理爭議，也讓我們對重塑自身基因體與人類這個物種的未來做出更周全的決定。

我們希望這本書，以及裡面概略提到辨識再生的規則集合或說是邏輯，將提供立足點來了解基因編輯倫理與相關爭議。這也可以幫助讀者了解關於幹細胞的科學和倫理問題，幹細胞出現於最早期的細胞分化時期，到了更後期的發育階段，只有一些幹細胞會保留下來。幹細胞在晚期可以發揮不同功能，過去幾年的研究認為，幹細胞對生物個體的再生可能很重要。了解這些細胞促進結構與功能再生的能力，可以知道它們應用於臨床環境的可能性，在該領域解決醫學問題是相當具有吸引力與利益的前景。1998 年，隨著人類胚胎幹細胞的分離，再生醫學的想法似乎才開始變得實際可行。自 1998 年起，利用幹細胞促進再生的研究突飛猛進，世界各地紛紛成立機構，試圖運用幹細胞發展醫療方法。

經過數十年的研究，對於這類細胞在再生過程中的行為與角色，研究者仍缺乏理解，因此我們不能讓幹細胞的威力充分發揮在醫學用途。[3] 儘管有這樣的不足，再生出神經細胞等人體構造，以及修復失去的功能，這些前景為許多人帶來巨大的希望。我們可能治癒帕金森氏症、脊髓損傷、多種神經退化疾病的病人嗎？自邁入二十世紀以來，科學家就一直努力想讓脊髓再生。隨著醫學幹細胞研究出現大幅進展，以及對所有動物的脊髓再生有廣闊的觀點，我們正處於實現這項希望的關頭。

除了生物個體及其部位以外，生態系的再生在人類世更加重要，顯然人類在這個時代正在改變氣候，經由火災、洪水、糧食、空氣、水、能源和其他環境衝擊危及生命系統。二十世初，美國植物生態學家克萊門茨（Frederick Clements）提出一種理論，認為植物群落可能類似於生物個體。他提議，樹木、其他植物以及它們的養分或許會一起形成一種生命系統，類似動物與牠們的部位那樣。克萊門茨的主張在

1950 年代獲得尤金與霍華德・奧德姆（Eugene and Howard Odum）的支持，這對兄弟後來成了生態系生態學的先驅。介紹生態系這種概念的人是坦斯利（Arthur Tansley），我們之後會再提及。

在這種脈絡之下，特別是考慮到森林管理時，研究者接受生態系是生命系統的想法。生態系會遇到傷害，例如火災，然後修復。生態系是複雜得不可思議的系統，由百萬個交互作用的單元組成，而且系統的健康狀態與再生能力受到與之互動的系統所影響，像是在周圍或裡頭的人類。生態系屬於更大型的生物社會系統，而各種生物社會系統又組成了地球。所以，這個由彼此交互作用的各部分形成的完整系統，是怎麼再生出真正有用的東西？如果我們想要消弭人類對生態系造成的有害影響，需要了解生態系修復與再生的邏輯。只有這樣，我們才能做出深思熟慮的決定，該如何介入協助生態系，重新恢復消失的部分與功能。

如同我們在討論微生物群系所說的，微生物的名聲在近幾十年來有了轉變，它們不再被認為全是「壞菌」，不再是勤勞的清潔人員總是努力想要消除的對象。大多數情形下，微生物是我們的朋友。事實上，我們體內的微生物群落對於維持人體健康有很大的貢獻，如同我們看到腸道微生物維護腸胃健康的例子，這些微生物群落由一群群微生物組成，這些群體可能會有重疊或交互作用。微生物群落的結構改變，或者其他物種或變種的微生物加入，可以改變群落表現出來的功能，因而導致生病。我們才正要開始了解友善微生物群落在個別人體裡扮演哪些角色。不同微生物群落也會和其他生命系統合作。農業依賴微生物群落，使土地更肥沃，讓我們可以種植想要的作物。森林需要微生物群落，維持生態系的健康。一旦微生物群落改變，這些系統可能會受到傷害，也可能復原。

現在，你已經開始知道再生遍及各生命系統的程度，以及為何了解再生的意義與運作方式如此重要。想要更加理解生命系統之內與跨生命系統的再生，意謂我們需要擺脫預期再生應該如何運作的既定理解。我們在這本書與書系提倡以系統為基礎的途徑，就是期望做到：把生物世界的複雜情形轉化成可以詮釋的事情，然後採取行動，使我們所有人，包括一般大眾到進行實驗的科學家，擴及負責管理科學與環境的政策制訂者，都有能力修復我們的健全狀態，做出改變人類這個物種的未來的明智決定，修補受人類世影響而創傷累累的世界。

第 2 章

觀察與實驗

　　生命系統會進行再生的想法，現在已經普及到生命的許多尺度，從個別細胞和其構造到廣闊的生態系，但歷史上最早的概念與個別生物有關。生物體是可見也可辨認的，有皮膚等明確分界與周遭環境隔開，而且是會受傷的。經驗觀察提供了早期對於再生的思考起點，加上研究者的探索：察看、記錄，然後比較出什麼情形似乎是正常的，什麼情形似乎是因為受損而變得異常，以及生物如何從異常或損壞狀態回到正常狀態。由於再生涉及從損害或受傷到正常，接著是恢復，這些經驗觀察開啟以下想法：生物個體可能在到損傷後，透過再生進行修復。

　　如同科學發現史經常提及的，「詳細觀察」這件事始於西元四世紀的希臘哲學家亞里斯多德。按照慣例，亞里斯多德的記述也成為標竿，直到科學發現的現代時期，也就是十七與十八世紀的科學革命與啟蒙時代為止。在那段時期，特別是十八世紀，科學研究者開始仔細注意自然現象，尤其是生物這樣的個別系統，並重新思索亞里斯多德等前輩傳下來的一些智慧。十八世紀的瑞奧穆與錢伯利等研究者，在進行生物個體從胚胎到成體的發育生物學研究時，觀察、記錄、報告了一些發現，顯示更留心且廣泛察看有趣的再生過程與結果會產生額外的價值。他們激發許多博物學家的興趣，導致一個半世紀的發現時期，摩根把這些成果總結於 1901 年發表的《再生》（*Regeneration*）一書中。[1] 這本書的性質是一份回溯性報告，摩根彙整直到 1901 年為止的熱烈探索時期，同時也介紹自己進行的大量實驗以及對再生的詮釋。這一章記錄了在摩根總結之前的一些觀察歷史，以及探討亞里斯多德到摩根之間，不同時期的研究者如何思考再生。

亞里斯多德

　　亞里斯多德把從經驗觀察得到的論點寫成著述，成為後世思考的背景。他的詮釋在將近一千五百年後被其他想法取代，但這並不會貶損亞里斯多德最初貢獻的重要意義，所以我們把他當作起點。雖然他沒有充分詳盡地討論再生，但確實記錄下我們今天所認為的自然系統的觀察，並且把這些觀察納入自己組織分明的詮釋框架中。

亞里斯多德的作品數量多得驚人，包括多元豐富的研究，橫跨自然世界，從物理、地球上的運動到天空中的運動的基本原理。對亞里斯多德來說，世界並非穩定不變，然而支配世界的潛藏法則是固定的。確切來說，世界是由各種原因（cause）的作用而產生的，作用的方式是允許不斷變化，也就是他認為的生成（generation）。他只需仰望夜空，觀察星星的運動，思考為什麼星星遵循可預期的方式運動。亞里斯多德用條理分明的腦袋，在前人思想的基礎上構築，確認了萬物由四種元素構成的世界，這四種元素是土、火、風、水。這些元素有各自的性質，因此每一樣東西都是冷、熱、乾、濕的組合。支配每一樣東西的是四因：質料因、形式因、動力因、目的因。

我們為有興趣的讀者指出其他資源，以便更仔細討論亞里斯多德的世界觀，這時要謹記的重點是，亞里斯多德設想世界不停變動，並認定支配天體運動的規律原因也支配地球上生命的運動與變化。[2] 亞里斯多德建立了井然有序的世界觀，幾乎能夠解釋任何事情，包括生物的發育、再生與行為。即使他的解釋大部分已不為現代人所接受，我們仍然佩服他在有系統的大型詮釋框架中的觀察與提問。

亞里斯多德認為，動物的生殖，也就是從未成形物質變為有組織的生命形式，包含應對傷害的修復或再生過程。亞里斯多德把針對生物的觀察與詮釋留下明確的紀錄。如同哲學歷史學家雷諾斯（James Lennox）在《亞里斯多德生物學》（Aristotle's Biology）中的解釋，亞里斯多德顯然想把自己為物理發展出來的邏輯論據應用在生物世界。亞里斯多德在《動物的組成》（Parts of Animals）提出推論以及研究生物學的適當途徑，專注於把四因推及各種形式的生物。《動物的生殖》（Generation of Animals）探討動物如何從受孕開始，發展為完全成形的生物。《動物史》（History of Animals）敘述亞里斯多德對種類繁多的動物的豐富見聞，也記載了其他人的觀察。雖然雷諾斯說明，學者不完全確定這些作品出現於何時，也不知道它們是刻意琢磨出來的作品，或只是記錄亞里斯多德思想的課程筆記，但是這些著作提供了生命系統許多方面的詳細描述。[3] 如同許多人說過的，亞里斯多德是敏銳的觀察者，某種程度上提醒今天的我們應該仔細觀察，並且把所見到的情景準確記錄下來。

　　亞里斯多德在《動物史》中提到：「有人說，蛇在某方面與燕子的雛鳥很相似，如果牠們的眼睛讓尖銳的東西戳傷，眼睛會再度長出來，如果蛇或蜥蜴的尾巴被切斷，尾巴會重生。」[4] 亞里斯多德在這裡認為，自然世界中的原因必定有能力對生物經歷到的傷害做出反應。一旦生物個體長到功能完備的形式，並不會完全停止改變。確切來說，至少有一些生物起碼在某些情形下，肯定有能力重新長出缺失的部位。他沒有從四因說的角度說明這是什麼意思，但由於他更廣泛地討論了生成，我們可以理解成這是對生命世界各方面的運動與變化的認識。對於受傷或異常情形有所反應，應該是正常過程的一環。亞里斯多德確立這種現象，並提出問題，想知道發生了什麼情形、如何發生，以及為何發生。

亞里斯多德的想法後來獲得天主教的採納，在中世紀時期成為西歐地區的知識基礎。有一些討論發生在醫學領域中，著重於人類的老化過程，也暗示了另一項關注的重點：透過缺損或受傷後的再生程序可能恢復青春。[5] 但是，亞里斯多德描述的再生現象，直到十八世紀的啟蒙時代才被當成值得認真觀察與詮釋的主題。

十八世紀的博物學家

許多傑出的科學史學家已經明確說明，我們今天認為的現代科學思維之所以興起，需要詳盡的觀察、擴展現有觀測類型的實驗，還有以理論呈現的周密詮釋，來接受更多觀察的檢驗。在生命科學中，這樣的研究一直遵循博物學的傳統作風，通常從觀察形形色色的生物開始，然後提出關於生命的各種問題。博物學家探索世界、東蒐西羅、記錄看到的各種事物。他們從遊歷世界各地的發現之旅帶回許多標本，然後建造博物館來收藏與研究這些曾經活生生的物體。博物學家為了弄清楚自己蒐羅的東西，開始提出對我們來說最基本的問題，例如：這些不尋常的東西是什麼？它們彼此有關連嗎？每一種東西是怎麼運作的？是什麼情形使它呈現某種意義上的正常或受損狀態？

　　十六世紀，在好奇心的驅使之下，像是瑞士的格斯納（Conrad Gesner）等早期博物學家對於來自遠方的發現大感驚奇，並留下紀錄。格斯納驚人的博物學著作有好幾大冊，內容包括民間傳說、各種怪獸和珍奇事物的奇幻描述，以及關於許多鳥類、蛙類、哺乳類、蠑螈等等的豐富細節。格斯納發現，「外面世界」的生命形式多采多姿，有一種感覺油然而生，探險家才正開始欣賞到這些變化多端的精采事物。無論是在當時或今天，格斯納的書冊讓我們讚歎於那些熟悉的生物是多麼繽紛繁複，也對於那些獨特甚至古怪的生物覺得不可思議。[6]

　　兩個世紀之後，焦點已經逐漸從奇觀移開，轉向生命現象的仔細記錄觀察與詮釋。這個時候，生物學家一般利用顯微鏡，讓自己看到更豐富、更大量的細節。身為布豐伯爵（Comte de Buffon）的勒克萊爾（Georges-Louis Leclerc），還有拉馬克（Jean-Baptiste Lamarck）與居維葉（Georges

Cuvier）這些著名的法國博物學家寫下數十部著作，詳述自然世界的廣大多樣性與複雜性。他們的發現日積月累，形成了許多廣泛的綜合理論，來處理前輩嘗試釐清的基本問題。

有一些歐洲博物學家驚歎於世界的多樣性，著迷於前所未見的新奇動植物，同時專注於採集、鑑定、分類，並且把這些生物安置到博物館的館藏中。[7] 這些新發現的生命形式當中，有一些似乎擁有特殊能力，不只引起「何為正常」的問題，還有生物對異常或受傷有何反應的問題。所有生物都可能遭遇損傷，但是少數十八世紀博物學家開始密切關注再生能力非常顯著的生物。舉例來說，螃蟹或螯蝦的螯可以再生，或者如亞里斯多德提到的，蜥蜴的尾巴不見了會長出新的。有些動物的皮膚受傷後，可以恢復到看起來完好如初，有些動物的血液或體液流失後也能補充回去。這些觀察引發了以下問題：是否只有某些生物或特定部位能夠進行這種修復，如果是的話，又是哪些呢？修復如何與為何會發生？

1958 年，動物學家紐特（David Richmond Newth）在〈汰舊的新（或更好？）部位〉（New (or Better?) Parts for Old）這篇文章中指出十八世紀對再生的熱情關注。他提到：「在 1768 年，法國的蝸牛遭遇前所未有的殘暴待遇。牠們成千上萬地被博物學家和其他人斬首，這是為了確認義大利的斯帕蘭札尼（Lazzaro Spallanzani）不久前提出的，蝸牛會給自己補上新的頭的主張是否為真。」針對會再生的生命而進行的經驗與實驗研究掀起一股風潮，這也吸引了法國啟蒙時代思想家阿魯埃（François-Marie d'Arouet），也就是大家熟知的伏爾泰（Voltaire）的注意。紐特顯然樂於告訴我們，伏爾泰「大吃一驚，立刻看出砍掉頭顱之後再換上新的頭，這件事對於把頭部視為獨特『靈氣』或靈魂的寶座的人來說是嚴重的問題；而且想到人類實驗的可能後果。」伏爾泰進一步慎重思考，後來說到我們也許能發現如何讓人類頭部再生，而對某些人來說「這種改變幾乎不會有更糟的情形。」[8] 對於這種替換，我們或許都有自己覺得合適的人選。這方面的興趣，讓認真觀察與想像的風氣延續下去，也導致再生原因變成一種哲學思考。

雖然亞里斯多德沒有討論到他那些原因與再生的關連，但是可能引用一種目的因，說明這可以導致受傷的生物個體發揮潛力，恢復到適當的形式和功能。然而，到了十八世紀，博物學家想要更多解釋。十九世紀末已經至少有兩套想法形塑應對受傷的正常生成與再生思維，它們互相競爭，但有時又互相重疊，流傳至今的情形仍是如此，那就是生機論（vitalism）對上唯物論（materialism），以及後成說（epigenesis）對上先成說（preformation）。兩套想法都發生於對自然哲學（也就是我們現在所稱的科學）以及對更廣泛的哲學的興趣漸增的背景之下。兩套想法都利用到觀察，以及透過體驗進行的新研究形式，這種體驗可以得到擴展，超越了不受干預而可以自然看到的事情，也就是所謂的實驗。十八世紀的自然哲學家體認到，比起單純的消極觀察，這樣的實驗能夠提供更多資訊。

生機論與唯物論的議題圍繞著兩個形而上的問題：世界上有什麼，以及如何理解。對於唯物論的支持者來說，生物和沒有生命的物體都是由物質構成，而物質不停地運動著。這世界並沒有生命力，也就是沒有可以賦予生氣的「東西」，因而生命與無生命物體在本質上沒有什麼分別。相反的，生機論支持者不明白，如果沒有具有活力的某種特殊東西，要如何解釋生命。這可以是一種力、一種實體或某種沒那麼具體的東西，生機論者認為，一定有某種獨特的東西讓生命活起來，成為組織化的完整生物。

歷史學家羅伊（Shirley Roe）在 1981 年表示，生機論與唯物論之爭開始跟後成說和先成說糾結在一起。[9] 後面兩種學說是互相競爭的詮釋，想要說明生物個體如何發育（請注意，「後成說」並非現代發育生物學家所說的「表觀遺傳學」，雖然兩者的原文很相似，分別是 epigenesis 與 epigenetics）。像是亞里斯多德這些傳統的後成說支持者，主張生物個體是從無組織的未成形狀態開始的。最初的未成形物質只能隨著時間逐漸發育，透過生成過程愈來愈有組織，然後長成正確的種類。例如，蛙卵會長成一隻蛙，雞蛋會變成一隻雞。任何人觀察好比說雞蛋或蛙卵的發育過程，都能看到這種組織過程的發生，因此經驗觀察加強了他們的信念，認為形態與功能只能逐漸形成。然而，這是怎麼發生的，生物怎麼「知道」如何以正確的方式發育成正確的種類？或許有某種生命力驅動整個過程，或許是由類似亞里斯多德的目的因的某種事物來引導至預期的目標，或導向其他生命力或生命實體。他們不知道這種賦予生命力的東西是什麼，但是許多早期的後成說支持者覺得必定有這種東西。

另一方面，唯物論支持者則不同意，他們反對生機論，堅信所有生命都是由運動中的物質構成的。他們理解，經驗觀察顯示了形態與功能只會逐漸展現；他們察看在眼前發育的卵也能知道同樣的事情，而且不否認這項證據。然而，他們堅定認為這只是表象，只要我們有更好的觀察工具，例如更強大的顯微鏡，就能看到精子或卵子裡面藏有該種生物成熟形態的縮小版。總歸必定有個雛形在那裡，因為若沒有這樣的指引，每一種生物要如何正確發育？唯物論者抱持先成說的觀點，認為任何生物個體的生命之初，一定就有某種生命形式存在。他們只是不清楚確切的情況。

因此，在不同基本假設的驅使下，兩種互相競爭的想法以複雜的方式展現。雙方各持己見，深信對生命本質的理解正處於危急關頭。[10] 我們不妨把自己置身於那個時代，試圖理解他們提出的問題，以及他們覺得可接受的答案。在今天，如果我們看到從未見過的事物，以絕大多數的現象來說，我們會去 google，然後閱讀所有相關內容。偶爾，我們會遇到全新的東西，像是 2020 年的「新型冠狀病毒」，也就是現在所知的 COVID-19。然而，即使在這種情形，儘管我們起初缺乏這種獨特的新型病毒的大量證據，但全世界科學家在幾個月內匯集資訊，藉助其他相近冠狀病毒的知識來增進理解，並建議適當的公共衛生對策。遇到真正全新的事物時，我們所做的事情，是把它放在相似事物的知識脈絡之下，運用已知的方法，而這些方法曾經幫助我們找到問題的解答。想像一下，在過往資訊相對貧乏，且可用的方法當時才發展出來的背景之下，嘗試這麼去做。

雖然如此，十八世紀的博物學家仍勇往直前，熱情擁抱新奇事物並提出問題。在歐洲，他們向國家科學組織報告自己的觀察、提出詮釋，大多數情形下，這些組織是由該國國王支持的「皇家」學會。這些自然哲學家發展同儕網路，交流想法，學習科學實務，並且在描述以外添加更多詮釋，藉此增進理解。隨著比較彼此的想法，爭辯可能的詮釋，他們能夠從描述與分類各種生命，轉向解釋生命過程。而這些過程當中，生殖和發育是最吸引人的；評估先成說和後成說，或者生機論與唯物論這些互相競爭的理論時，如果想取得進展，需要關注個別生物，以及該生物如何隨著時間變化。因此，他們需要擴大實驗。

切開動物

　　科學史學家泰瑞爾（Mary Terrall）在她所著的《捕捉變動中的自然》（*Catching Nature in the Act*）中，透過檢視法國博物學家瑞奧穆周遭的科學網路，詳細研究這些好奇的人做了哪些事情。[11] 她的書探討瑞奧穆的科學生涯以及那些親自與他交流或大量通信的人，指出形塑或傳達他的想法的人物、作為與出版品。泰瑞爾寫到，這一代法國博物學家透過觀察與記錄生物的活動或過程，他們實際上捕捉到變動中的自然。

　　泰瑞爾解釋說，在瑞奧穆的例子中，他與常駐莊園的助理一起工作，助理會幫忙採集與展示發現成果。雖然他承認親自繪圖是最好的，但顯然也體認到他的繪畫不是特別出色，因此聘請藝術家捕捉他觀察到的景象。事實上，他相當感激這些藝術家，而且必定會把功勞歸給他們。在 1735 年所立的遺囑中，瑞奧穆留給最愛的藝術家「杜慕緹耶‧德瑪希格利小姐」（du Moutier de Marsigli）可觀的房地產（但不包括他繼承到的財產，以及一些小筆的受贈財物）。他說：「我想要表達對她的感謝，讓我藉助她的繪畫才華，她以無比耐心與堅定好心幫忙。這讓我能出版昆蟲史回憶錄，並完成這項工作〔travail〕。不論我對這部作品〔ouvrage〕有多麼偏愛，如果我被迫得讓普通插畫家在我眼前工作，我會對完成這件事不抱希望，認為應該放棄，因為已經浪費這麼多時間。」[12] 顯然她有瑞奧穆認為的聰明直覺，知道該做什麼事和怎麼做，所以不需要別人一直叮嚀。可惜的是，這位藝術家的生平隱沒於歷史之中。

　　瑞奧穆不是科學史上名號響亮的人物，但泰瑞爾有理由說他是。瑞奧穆出身富裕家族，有機會跟隨好奇心去行動，他探索了數學、物理以及博物學。他的成就包括根據自己的金屬知識發展煉鋼法，也建立簡單明瞭的溫度測量法，這種方法後來稱為瑞氏溫標。加上他在數學方面的研究，以及廣泛的好奇心，顯示出他擁有極具創造力的頭腦，並能在眾多資源的支持下追尋自己的興趣。

　　這股活躍的好奇心延伸到探索生命過程，他在這裡觀察了肉眼能看到的情景，並且設計實驗把觀察擴張到直接可見的範圍外。他的一些優雅實驗探討了簡單生物，比如說各種昆蟲是否能自然發生。結果他確定昆蟲不會自然生出來，這種認識讓他更加堅定自己提出的正常發育和再生想法。他利用昆蟲廣進行廣泛的研究，包括詳細研究行為，這讓他被視為動物行為學的先驅。瑞奧穆活躍於法國皇家科學院（French Royal Academy of Sciences），也是倫敦皇家學會（Royal Society of London）的會士，他的人際關係很好，有助於研究，泰瑞爾這麼說。

　　在眾多研究當中，瑞奧穆在 1712 年提交給法國科學院的一篇論文表示，動物有一項特殊能力，可以在精確的位置與時間汰換牠們所需的部位。他特別指出，螯蝦有能力專門置換牠們經常因受傷而失去的部位，並提到：「自然會精準且專一地把動物失去的東西還給牠們。」（圖 2.1）他在其他地方確定，各種棘皮動物（例如海星）也能夠替換牠們受傷的腕足。[13]

瑞奧穆在開頭寫到，許多人住在河岸或海濱，因而有足夠的機會觀察各種動物，但卻遺漏了某些事情。這些人拒絕接受附近水域裡的動物能夠重新長出缺失部位的想法，認為那就只是「寓言」。瑞奧穆堅持並非如此，我們只需要仔細檢視證據。舉例來說，有些蟹類或甲殼類擁有大小不一的螯和足。只要注視牠們，你可以看到有些部位受傷或斷掉，接下來會看到這些生物逐漸長出失去的部位。這只需要仔細觀察，拉長時間，在不同個體上進行。而實驗介入可以擴大可能觀察到的範圍。

於是瑞奧穆提問，如果他出手介入，把螃蟹的腳切掉後放回海裡，會發生什麼情形。他想要確定，螃蟹能否在平常生活的環境中再生出新的腳，這項實驗沒有成功。然而，以螯蝦進行的類似實驗成功了。螯蝦的一些肢體遭到切除後，可以把那些部位長回來，再度變成完整的個體。發育生物學家史金納（Dorothy M. Skinner）與庫克（John S. Cook）在1991 年的文章指出這種現象，以及瑞奧穆實驗為現代甲殼類

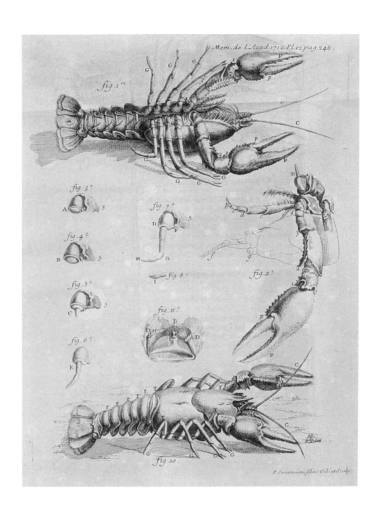

━━━━ 圖 2.1

圖版 12，出自瑞奧穆（René-Antoine Ferchault de Réaumur），〈論螯蝦、龍蝦、蟹類等生物足與殼的再生多樣性〉（Sur les Diverses Reproductions qui se font dans les Ecrevisse, les Omars, les Crabes, etc. Et entr'autres sur celles de leurs Jambes et de leurs Écailles），《皇家科學院學報》（*Memoires de l'Academie Royale des Sciences*）1712:246。

生物學家展現的永恆之美，讚揚這位「了不起人物」的巧妙途徑。[14]

　　瑞奧穆的廣泛觀察和實驗結果引發下列問題：再生如何發生、為什麼會再生，還有再生遵循一般生成過程的程度有多大。唯物論者可以把這種現象解釋成，有一種內在的能力（或許是先成的，也就是預定的能力）可以讓部位再生。值得注意的是，這些似乎能夠再生的部位，也似乎是最容易受傷的部位，或許這一點就是關鍵。或者完整個體裡有某種東西能喚起某種生命原理，以恰當的方式指導汰換過程。這些詮釋仍未確立，爭議持續存在。生物學家愈來愈常把生物視為組織化的完整系統，由兼具整體性與個體性的部分組成，這樣可以讓生物與周遭環境區分開來，然而生物必須對環境做出反應。

　　據說，瑞奧穆是更年輕的博物學家錢伯利的榜樣，錢伯利與瑞奧穆透過書信往返，分享自己的水螅再生發現。兩人都進行許多博物學研究，然而錢伯利特別專注於再生的現象與問題。瑞奧穆出身於相當富裕的法國下層貴族，錢伯利的家族則是歷史悠久的日內瓦望族，因此他們都有幸接受教育，也有餘裕進行探索。錢伯利最初先接受數學教育，後來著手他原先稱為螅體（polyp）的生物的原創研究，這些生物後來經過鑑定給命名為水螅（hydra）。這些研究開始於 1740 至 1744 年，那段時期他受聘為家庭教師，與海地的本廷克伯爵（Count Bentinck）同住。事實上，他追尋這類特殊研究的動力，部分來自於他可以與年輕學生分享。生物學家兼歷史學家的霍華德‧藍賀弗（Howard Lenhoff）與席薇雅‧藍賀弗（Sylvia Lenhoff）寫到，錢伯利會前往伯爵莊園的溝渠去採集，把收穫裝滿玻璃瓶帶回來研究。藍賀弗夫婦指出，錢伯利曾經敘述自己發現這些「充滿微小生物」的瓶子是「讓他能從更嚴肅的工作中放鬆的良伴。」[15]

藍賀弗夫婦在述說錢伯利的實驗時提到，他在 1740 年代精確描述自己的方法，並邀請其他人來進行類似的實驗。他敘述到用剪刀剪開水螅的身體。[16] 他最早的發現確定水螅會受到光的吸引，這或許是無意中的發現。從這裡，他開始進一步密切觀察，提出更多問題。例如，為什麼不同水螅個體的觸手數量不一樣多？他要怎麼使用更多實驗方法，來發現在何種條件下會長出觸手？

霍華德‧藍賀弗和席薇雅‧藍賀弗提出有力的論據，說錢伯利把活的生物看成整個系統，我們可以把他視為個體生物學家。錢伯利在研究活生物體時，著眼於交互作用的整體，以及構造、功能及行為。藍賀弗夫婦也想傳達，在那個時代，包括瑞奧穆在內的許多博物學家會廣泛探索各式各樣的生命形式，但錢伯利只專心研究不久後稱為水螅的這一類生物。他在研究早期就確定水螅是動物，而非許多人先前認為的植物。他接著對這些有意思的生物進行大量的觀察與實驗。把水螅由內而外翻出來、切掉不同部位、將不同部位接在一起：這些實驗操縱產生引人注意的結果。這些生物都活了下來，而且恢復正常的結構與功能，迅速適應新環境。錢伯利明確發現，水螅的再生能力是理解生命基本過程的關鍵。

對錢伯利來說，水螅是新奇且迷人的生物，他的敘述也讓很多人對水螅著迷。他問道，如果把一隻水螅切成兩半會發生什麼事，接著從不同方向來切又怎樣呢？結果切割後的每一部分都長回整隻個體，缺失的部位與功能顯然回復正常。他詳細描述了每一種切割後來的情形。若只切開頭部，會長成有兩個頭的水螅，要是繼續細切，就產生四或八個頭。後來把水螅的內部翻到外面來，想知道這種生物有何反應。如果放著不管，水螅會翻回原狀。但是當他阻止這種情形發生，水螅會適應新的處境，長成正常的樣子。他在發表這些觀察時，也鼓勵其他人進行相同的實驗。

錢伯利提到，早期對於動物再生的猜測，是想像一隻生物給切成兩半後也許能夠再次相連，或者斷掉的某部分可能再接回原處，而這裡的情形卻是生物個體切成幾部分後，每一片都能長成一個新個體。這種動物似乎能憑空生成自己的構造。「在這裡，」他說，「自然的能耐超出我們的想像。」[17] 事實上，他的結論是，這種生物不只可以把缺少的部位長回來，而且顯然長得與正常發育的同類生物完全一樣：「我

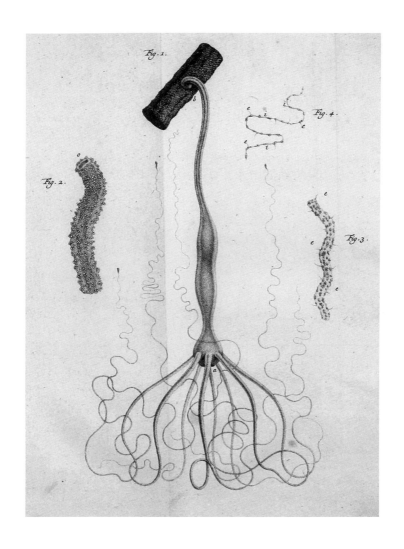

■■■■■■ 圖 2.2

圖版 5，出自錢伯利（Abraham Trembley），《具有觸手的一類淡水水螅的自然史回顧》（*Mémoirs pour servir à l'histoire d'un genre de polypes d'eau douce, à bras en forme de cornes*. Leiden: Verbeck, 1744）。

發現從第二〔切割的〕部分發育出來的水螅，與從未遭到切割的水螅沒有不同。」[18] 錢伯利日後除了水螅之外，也加強研究渦蟲這類扁形動物，因此他把渦蟲列入自己的水螅明顯愛吃的東西之列，這件事很有意思（圖 2.2）。

這是相當了不起的研究，而且當錢伯利自己的經驗觀察，與公認的理論出現不一致時，他的態度令人回想到亞里斯多德展現的無止盡好奇心以及不妥協態度。他的觀察顯示水螅的小碎片能夠再生，長成看來正常的完整生物，他相信自己的實驗結果。這項觀察與先成說不符，先成說認為生物一開始應該要有雛形，這件事正好告訴他，我們需要一個全新或不同的理論，或許與之匹敵的後成說可以勝任。生物似乎能夠漸進發展。然而，這不代表先成說提不出另一種與唯物論相符的說明，而且以某種方式建立在生物的預備能力上。錢伯利的觀察掀起熱烈討論。藍賀弗夫婦廣泛回顧了錢伯利的著作之後認為，錢伯利本身似乎對於哲學詮釋不感興趣，甚至「對於普遍性理論敬而遠之。」[19]

錢伯利陸續發表結果，瑞奧穆也一直進行自己的水螅切割研究，他從不同方向切成不同碎片，產生了可以和錢伯利交流的進階觀察與想法。錢伯利變成水螅專家的同時，瑞奧穆則把自己的技術實施在其他動物身上。瑞奧穆把蚯蚓切成好幾段，看看會發生什麼事。他還呼籲其他人加入，對海洋動物進行同樣的研究，特別是海星。這些生物都能夠再生，恢復原來的形態與功能。瑞奧穆認為，或許特定種類的生物才有這項能力。邦納（Charles Bonnet）和斯帕蘭札尼帶著本身的研究加入討論。

邦納與錢伯利一樣都是來自日內瓦。邦納的工作是律師，但同時喜歡鑽研博物學，也受到瑞奧穆的研究的啟發。他從 1741 年開始研究再生。邦納除了其他觀察以外，還研究類似蚯蚓的蠕蟲，他把這些動物切成小段，觀察復原結果。就算把一隻蠕蟲切成十四段，結果會長成十四隻個體，他發現，每一隻的形態與功能顯然都是「正確的」。邦納也做出類似的結論，每一隻水螅都受到某種整體性與個體性來界定。把頭（或一部分）去掉，相當於釋放了受壓抑的自我或者組織化要素。對於邦納來說，每一個生物都含有「胚」，那是修復身體組成必需的。他的生機論和後成說是並行的。[20] 事實上，歷史學家羅伊表示，邦納的再生實驗與詮釋，改變瑞士博物學家哈勒（Albrecht von Haller）對於發育是怎麼一回事的想法。哈勒是唯物論者，原先支持先成說。生物再生的能力，尤其是邦納的描述，讓哈勒轉而相信後成說（認為發育是一種漸進的過程），雖然他也想要繼續當唯物論者，並且想要找出指導這些過程的自然定律。[21]

數年過後，到了 1768 年，義大利的斯帕蘭札尼發表類似的實驗，是以蚯蚓、蛞蝓、蝸牛、蝌蚪、蠑螈、蛙類進行的。斯帕蘭札尼也出身富裕家族，環境允許他探索博物學及其他科學。他的研究範圍包含數學、物理、法律，而且擁有哲學博士學位。他後來成為天主教神父，因而獲得一些研究金援，他顯然把精力投注於探究自然。

他有一系列研究是把個體切成幾塊，確認這些分離的部位是否長成個體。另一項研究只切下小塊組織，看看個體是否能把失去的部位再長回來。斯帕蘭札尼把許多觀察的結果，濃縮成一封長達 102 頁的「信件」遞送到倫敦皇家學會，顯然在預告有一份廣泛討論生殖的更長著述即將問世。事實上，後來這本書的主要內容訴說，再生是生物對於受傷的反應。而且幸運的是，皇家學會的祕書馬蒂（Matthew Maty）很快地把書譯成英文版，讓更多讀者在 1769 年可以看到。[22]

斯帕蘭札尼描述進行了哪些實驗操縱，包含如何切開動物、從哪裡下刀，還報告動物怎樣反應。組織如何發育、血液如何流動、這些改變以什麼方向發生，以及其他許多細節。他提到，好比說蝌蚪正在再生的尾巴中，血液循環的方式與原來的尾巴不同。這讓他討論到再生生物的「新組織化」。不過，至少在某些關鍵環節，斯帕蘭札尼主張，卵的裡頭已經有生物（或說是為了形成新生物提供基礎的某種「胚」）以某種方式存在。接下來，卵就從這種雛形開始一連串發育過程。這聽起來很像先成說支持者的思維。有時候，斯帕蘭札尼抱持這樣的立場；有時候，他似乎更贊同後成說的立場。舉例來說，在一系列寫給邦納的書信中提到，他有點疑惑，斷尾蝌蚪的新尾巴或許並非全新再生出來的，而是從既有物質再形成的。[23] 他覺得順從觀察證據很重要，並根據自己所見評估各種理論詮釋。

雖然這群人的每一位都是在相信「唯物論與先成說」或者「後成說和生機論」的背景下進行研究工作，但他們沒有解決生命本質的基本爭議。再生之所以發生，或許是因為容易受傷的生物擁有某種事先形成的「預備」零件嗎？還是說，更可能是有一種漸進的後成適應反應，或許由種某內在的生命要素主導？

實驗胚胎學

事實上，關於再生的這些問題到了十九世紀末期大致還在原地踏步，卻為生命科學帶來許多改變。「生物學」（biology）一詞大約在 1900 年開始流行，儘管這個名詞在一個世紀前就出現了。[24] 觀察與經驗證據持續受到重視，但是愈來愈多介入主義者以實驗來補充，這些實驗超出我們方才討論的相對簡單的操縱。雖然十八世紀需要透過操縱觀察來拓展經驗，他們稱這種操縱為實驗，但十九世紀末版本的實驗還需要提出假設，說明觀察者是否確實觀察到常態事物，並且強調發展理論，以及加上檢驗假說的作用。

德國胚胎學家威翰·胡（Wilhelm Roux）以公認是最大肆宣揚的方式，推動這項大膽的實驗轉變。他特別透過自己編輯的期刊展現本身的想法，這份刊物專門討論生物的發育機制，名為《生物發育力學叢刊》（*Archiv für Entwickelungsmechanik der Organismen*）。1894 年，他在第一卷的緒論中就包含了某種宣言。胡擔任這份期刊的編輯直到 1923 年。[25] 這份期刊歷經一連串改名，現在叫做《發育基因與演化》（*Development Genes and Evolution*）。胡在開場聲明宣稱，他認為需要一種新式的實驗生物學，這引起高度關注。大西洋另一端，位於麻州伍茲霍爾的海洋生物實驗室聽到這些主張，因為惠勒（William Morton Wheeler）翻譯了胡的文章，而這也引發熱烈討論，後來演變成該機構公開且受歡迎的「週五夜間演講」（Friday Evening Lectures）。[26]

胡成為眾所矚目的焦點，部分是因為他用積極的方式表達自身想法、排除其他意見，也因為他提供了明確的理論解釋，說明發育是如何發生的。他對胚胎發育有興趣，認為實驗操縱與製造異常條件可以當作研究方法，不然這類過程是很難觀察的。他對蛙類的各種胚胎又刺又戳，然後在 1888 年發表一項實驗的結果，宣布了戲劇性的詮釋。

蛙卵是研究發育的好用材料。這些卵相當大顆，甚至不需要顯微鏡就可觀察，能待在體外，在適當的季節與地點很容易取得，而且有不同物種的蛙，有利於比較。歷史學家已經提供了關於胡的一系列蛙類研究的細節與觀點，所以我們在此聚焦於胡這個人與他對發育的概念。[27]

胡一開始的想法是，生物的發育過程類似製作一幅馬賽克鑲嵌畫。細胞是用來鑲嵌的一片片瓷磚，也就是基本的建構單元，經過排列後就把部分轉變為整體。不知什麼原因，讓胡有這樣的想像，認為受精卵含有自己發育所需的東西，這些發育透過隨著時間進行的細胞分裂與細胞特化來達成。這種過程本身似乎是後成的，從傳統意義來說，個體的形態只能逐漸形成。然而，胚胎及其細胞顯然是由物質構成，而且是機械式發育的產物，不受生命力或生命實體所引導。或許受精卵在某種程度上是預先決定好的，但是胡沒有用傳統先成說的論調來表達自己的理論，先成說認為生命之初就有雛形存在了。他反而試圖建立新的典範，亦即唯物論者從機械論來研究生命過程，而這過程由細胞特化來驅動，以某種未知的方式。

胡把焦點放在細胞核上，認為細胞核是決定細胞裡各構造的源頭，和他的德國同事博物學家魏斯曼（August Weismann）一樣。有幾位研究者發現，細胞核含有特殊的構造（以染色體的形式存在），這引發新的疑問，細胞核在細胞裡與發育過程中扮演何種角色。胡確信染色體必定含有遺傳物質，這些物質在細胞分裂時會分開來，使得原有的分子物質分配到不同細胞裡。他主張，這可能解釋細胞在發育過程中如何特化。複雜生物的細胞核構造當然是指引發育和組織化的關鍵。魏斯曼發展出更加詳盡的類似概念，也和胡的想法有些不同，但是常被混在一起稱為「胡－魏斯曼」或「魏斯曼－胡」理論，因為兩者都認為，染色體是生命建造過程的中心，不斷發展出新的獨特形式。[28]

胡進行了其他各種實驗之後，在 1888 年發表一項實驗的結果，為他引來最多關注，也引發了如何研究科學才是正確方式的最大爭議。他的方法是從蛙的受精卵開始的。正常情形下，最初的細胞會分裂成兩個細胞，接著分裂成四個細胞、八個細胞……，除了第一次分裂外，後續的分裂都相當不平均。胡提出的假說認為，每一次分裂後的細胞都變得不一樣。它們成為鑲嵌畫中各自不同的一片片瓷磚。卵分裂成兩個細胞時，每一個囊胚細胞（blastomere，此時細胞的稱呼）都有自己的個體性。尤其是不同細胞核物質分到不同細胞中，可能是決定每一個細胞如何分化的因素。這種分裂遵循胡的複雜理論：細胞核的物質透過「各部分的競爭」（Kampf der Theile）發揮作用。為了檢驗這項假說，他等受精卵第一次分裂形成兩個細胞時，殺死其中一個細胞。他用燒熱的細針戳入那個細胞，直到它不再繼續分裂或者表現得完全不像細胞為止。他預期結果會形成半個胚胎，由於缺損的細胞不能發育，且胚胎無法把這個細胞修補好（圖 2.3）。[29]

果然，其中一個細胞繼續發育，另一個則沒有。果然，

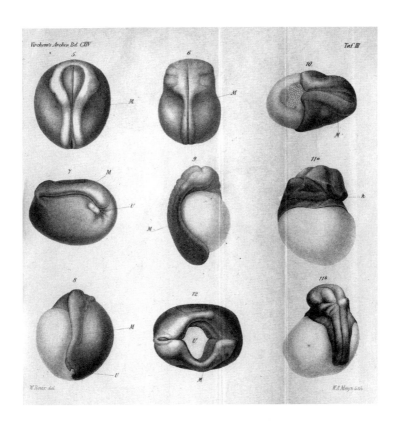

■■■■■ 圖 2.3

圖版 3，出自胡（Wilhelm Roux），〈胚胎發育力學投稿。論透過破壞最初兩個分裂細胞之一而形成的人造半個胚胎，並論身體失落半邊的後期發育〉（Beiträge zur Entwickelungsmechanik des Embryo. Über die künstliche Hervorbringung halber Embryonen durch Zerstörung einer der beiden ersten Furchungskugeln, sowie über die Nachentwickelung der fehlenden Körperhälfte），《魏修病理解剖學、生理學及臨床醫學叢刊》（Virchows Archiv für Pathologische Anatomie und Physiologie und für Klinische Medizin）114 (1888): 113-53。

就胡看來，這樣的結果很像一幅鑲嵌畫。他宣稱自己的假說獲得證實。胡的說法是，每一個細胞都擁有以適當方式自我組織的能力，由此產生的個體是部分受精卵建造而成的，沒有得到整顆受精卵裡的某種神祕生機智慧的引導。事實上，胡後來承認事情有點複雜，有些例子中，「被殺死的」細胞實際上仍開始發育，但他不認為這樣就否定了自己的假說。

杜里舒（Hans Driesch）卻不同意。而且他不同意的方式引起軒然大波，也讓胡非常氣惱。對於如何研究科學，以及生命世界的結構與本質，這兩位德國胚胎學家的看法截然不同。杜里舒一開始走的是胡的路線。他對胡的結果很著迷，但也覺得自己能夠做出更好且更清楚的實驗。胡用針刺死兩個細胞的其中一個，但是這樣會讓細胞內的物質留在原地，或許還能施展影響力。杜里舒想知道是否可以用海膽來取代蛙類進行實驗，由於他已經知道，在海膽胚胎仍是兩個細胞階段時加以搖晃，有可能讓兩個細胞完全分開來。於是他這麼做了。他搖晃胚胎，讓細胞分開，而且他解釋說，那晚離開時，預期第二天回來會看到胡在蛙類發現的同樣結果。但卻不然，他發現兩顆分開的細胞各自都繼續發育，然後長成兩隻小小的長腕幼蟲（圖 2.4）。[30]

杜里舒採取了實驗途徑，符合胡的要求。杜里舒得到不同的結果，這是科學上難免會發生的事情。然而讓胡十分不快的是，杜里舒從這些結果與其在胚胎發育上的意義，發展

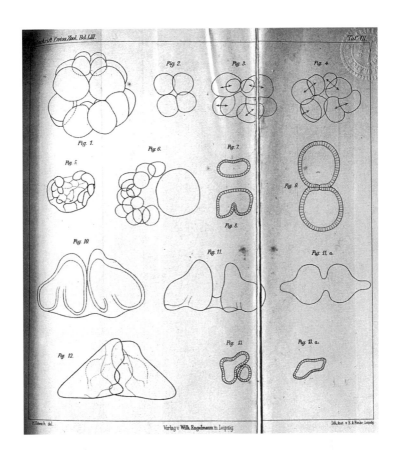

━━━━ 圖 2.4

圖版 7，出自杜里舒（Hans Driesch），〈發育力學研究：一、棘皮動物發育過程中
最初兩個分裂細胞的潛力。實驗製造的部分與雙重形成。二、論光與動物形成最初
階段的關係〉（Entwicklungsmechanische Studien: I. Der Werthe der beiden ersten
Furchungszellen in der Echinogdermenentwicklung. Experimentelle Erzeugung
von Theil- und Doppelbildungen. II. Über die Beziehungen des Lichtez zur ersten
Etappe der thierischen Formbildung），《科 學 動 物 學 期 刊》（*Zeitschrift für
wissenschaftliche Zoologie*）53 (1891): 160-84。

出很不一樣的詮釋。對杜里舒來說，這些結果顯示，生物的發育並不是以鑲嵌方式進行，也沒有任何證據支持不同細胞核物質被分到不同細胞裡這件事。杜里舒不認為細胞分裂會把細胞分割成不均等的部分，各部分再根據本身的自我組織能力來發育。杜里舒卻主張，必定有某種過程存在，他稱之為「個體調節」。他的意思是，整個生物體內有某種東西在指導各部分的發育方向。最終，杜里舒採取一種自己認定的生機論途徑，然後放棄科學研究，開始進行形而上學的哲學研究，也就是討論「世界上有什麼」這個問題。他說早期的囊胚細胞是「全潛能的」（totipotent），因為這些細胞保有發育成整個生物體的能力。[31]

　　到底誰對誰錯的論戰爆發了。細胞可以自我決定和自我組織的程度有多大？細胞與發育中的生物體能夠應對損傷的程度有多大？發育中的生物是一個綜合的整體，是經過組織化而形成的，並遵循某種調節過程嗎？或許純粹以二分法區別的唯物論與生機論，以及先成說和後成說，這些觀點並沒有如表面看起來的那麼壁壘分明。為了在解釋發育時有所進展，當然需要收集進一步的證據。尤其肯定需要再進行大量實驗，以了解染色體分裂的角色，並且評估胡的主張，即細胞分裂把細胞核物質分成不均等的部分，再分配給不同細胞的情形。

　　此外，胡需要解釋杜里舒怎麼會得到那種結果，由於根據胡的詮釋，每一個分開的細胞不該發育成完整生物。胡很幸運，他研究科學的方法論途徑允許補充「預備假說」，如果事情發展得不如預期的話。於是他提出「後生成」（postgeneration）概念，認為發育仍是鑲嵌式的。細胞核以某種方式具備一組（或超過一組）儲備決定因子，這些因子能夠在出現受傷的情形下發揮作用。這結果仍是一幅鑲嵌畫，卻是透過再生間接形成的鑲嵌畫，當中有一組儲備物質參與。因此，這些爭議的核心其實是再生問題。

顯然，胡沒有著手研究再生，但是他的實驗，還有杜里舒的不同結果，重塑了再生到底有什麼用的問題。生物如何再生某個部分或是整個個體？胡與杜里舒加入正在進行中的討論，想要詮釋再生，他們也開始指出，再生是利用生物對異常情形的反應，來理解正常發育過程的一種方式。

科學史學家丘奇爾（Frederick B. Churchill）注意到，套用他的話來說，再生研究在十九世紀末發生了「這一波明顯混亂的活動」。有前一個世紀豐富的觀察史料為基礎，並且在達爾文演化思想與進步實驗技術的背景下，「成群實驗家與解剖學家轉向解剖刀、剪刀，以及灼熱的解剖針；他們搖晃、接合、擠壓；他們調整卵子受重力影響的方向，改變海水的化學組成，」只為理解迷人的再生現象。[32]

丘奇爾指出的繁忙活動中，來自德國羅斯托克（Rostock）的解剖學家巴弗思（Dietrich Barfurth）嶄露頭角。

1891 到 1916 年間，巴弗思產出二十三篇關於再生研究的評論文章。他發表評論文章的形式是，總結一些研究者可能未正式發表的成果，並且記錄層出不窮的問題與方法。丘奇爾提到，巴弗思出現在《解剖學與發育史評論》（*Ergebnisse der Anatomie und Entwickelungsgeschichte*）期刊上的評論，反應出作者的特定詮釋偏好。這些評論也顯示了，直到十九世紀下半葉，為科學獻出生命的是蛙類與牠們的卵。這段時期也有幾本專門探討再生的書籍出版，包括 1885 年德國醫師弗雷斯（Paul Fraisse）的《再生》（*Regeneration*）。雖然弗雷斯與當時的顯微鏡研究觀念有互相影響，但他的貢獻比較偏重在做出精選觀察的摘要，而非提供詮釋。再生研究的潮流持續之下，這類貢獻得到的關注相對稀少。

相較之下，巴弗思的評論提供有價值的見解，並反映出新發現激動人心之處，值得我們仔細檢視丘奇爾如何描述這些評論，以及在藉由實驗途徑研究生物學的風氣日增之下，巴弗思的評論有什麼地位。這些評論顯示出促進詮釋形成的過程中觀察的作用，然後引導更進一步的實驗探索來檢驗理論。它們顯示研究生物學的現代實驗途徑的發展，也顯現愈來愈多人把再生視為不斷持續的生成過程的一環。生物個體的發育從受精卵開始，接下來是一系列的細胞分裂、細胞特化、各個部位有組織地形成有功能的完整生物。如果過程遭到打斷，或者發育而成的個體有某些部位受損，會引發再生反應，但只出現某些而非全部情形之下。何時、如何與為什麼會這樣，成了胚胎學與發育的問題，也是特殊再生現象的問題。

這一位作者的評論文章跨越了二十五年，丘奇爾仔細研讀他前面十年的文章，指出二十世紀之交的再生研究有多麼興盛。我們因此可以明白為什麼摩根會著手研究這個主題，他認為再生是探討實驗胚胎學的有用方法；摩根因為果蠅屬（Drosophila）染色體遺傳學研究獲得 1933 年諾貝爾獎，這項研究為他帶來的名聲超越再生研究。

摩根

我們在第 3 章會聚焦於摩根的觀察與推論，並給予更詳細的討論，而這些都與他 1901 年的重要著作《再生》有關。但是，他在 1901 年之前進行過多樣題材的研究，我們在這裡先了解一些前情提要是有幫助的。摩根一生中都很明確表示，他最感興趣的是生物個體的發育現象，而且生物在有些條件下能夠再生某些部位，卻在有些條件下不能再生，這讓他很著迷。科學史學家桑德蘭（Mary Sunderland）主張，摩根認為再生研究是了解發育的絕佳窗口，而科學史與哲學家梅恩沙茵提到，摩根的再生研究是一種管道，讓他探究有哪些因素使得複雜生物像個整體那樣運作，顯然就像是有組織的單元或系統。[33] 即使不屈從於訴諸特殊生命要素的生機論，生物學家還是能認出某種東西，超越胡的各自獨立作用的鑲嵌式發育。摩根問道，發育是如何進行的？。[34]

　　如同摩根在 1901 年那本簡明扼要的書籍中提到的：「我想，有機會可以證明，正在成形的生物是這類事物，當我們把它視為整體，而不只是許多更小組成分的整合，我們更能理解它的運作。」這就是說，「生物的特質維繫於整個組織，而不只和個別細胞或次級單元的特質有關。」[35] 隨著下一章轉向從機制來討論發育和再生，我們會再回到這個概念。

第 3 章

再生的機制

　　到目前為止的故事，展現了研究者理解再生並將其編入二十世紀生物史的思路。從亞里斯多德到摩根的兩千年之間，自然觀察者記錄到，受傷的生物會有重建缺失部位的能力，雖然程度不一。啟蒙時代與生成相關的主要觀念，例如先成說與後成說，以及科學家看待周遭世界的主要世界觀，像是生機論和唯物論，都是理解再生不可或缺的主張。當十九世紀末的實驗科學家，好比說胡，轉而從內在原因和機制來解釋自然現象，他們把再生重新想像成生命系統的一種基本過程。此外，他們覺得理解再生需要最新的實驗技術，以及理解生物發育的新方法，包括控制與操縱生物，同時藉助更多系統導向的途徑。這種新觀點在二十世紀初有了成果。

我們持續關注幾位科學家對於理解再生的貢獻，但我們的目標在於為了理解現代思維奠定基礎。因此，我們選擇三位科學家，他們的研究交織重疊，產生有意義的成果。這些科學家是摩根、洛布、柴爾德，他們提出許多相同的再生問題，但採取不同途徑來調查。三人都擁抱以系統為基礎的途徑，來理解他們研究的生物和再生。其中兩位寫了書名就叫做《再生》的書，而另一位則寫了幾本以再生為中心主題的書。他們都在美國從事研究，正值美國生物學領域冒出生命系統這種專門研究的活躍時代。

　　1901 年，摩根正把自己到當時為止的研究總結出書，大約同時，洛布也認為再生是重要的現象，可以幫助理解生命如何運作。洛布試圖說明，生命可以用物理力學的角度來理解，尤其是生物體內應對變動條件的液體作用，以及生物各部位質量的量化函數。變動的外部條件會造成生物受傷或損害，因而造成內部的改變，洛布想知道這是如何與為何發生，還有生物如何回應。此外，對於洛布來說，這不只是關於求知慾，或只是想知道生命如何運作。他真的想要更深入探究，並且控制生命。他主張，如果我們能夠了解再生如何發揮作用來修復功能，就能利用這些知識改善並延長生命，這將在超過一個世紀後催生了合成生物學這個領域，該領域中的研究人員試圖在實驗室中合成生命。

　　摩根與洛布忙著檢視再生的同時，柴爾德正在探索生物系統的組織模式，並且問到，有什麼樣的機制形塑發育過程與受傷後再生過程中的組織化。他提出的概念是內部的影響因子梯度，引發關於發育過程如何進行的大量討論與爭議。

這三個人有智識上的交流，有時也有私人的互動，他們處理重疊的問題，但卻在研究與解釋結果時發展出不同的方法與途徑。仔細看這三人，可以看到在新興實驗與詮釋以唯物論為基礎而完全摒棄生機論的時代之下，生物學家如何採取步驟來了解生物。這也顯示了，這些生物學家怎麼開始把再生看成生命系統的關鍵過程，而非只是偶爾發生在系統遇到傷害時的奇特反應。這一整章，我們會關注這些生物學家從 1900 年到 1920 年代的心血，深入了解細節，梳理出他們在再生思維方面的概念與方法論貢獻，而這些思維則是我們現代觀點的基礎。

1900 年前後美國生物學的情境

生物史學家已經寫過很多具有啟發性的著作，說明美國人有自覺地做了努力，先是個人參加國際生物學討論，然後在堅實制度基礎上建立美國的生物學傳統。這些努力需要創造基礎措施來支持研究與教育，同時提供有酬勞的專業教授職位。由於大約 1900 年以來，成為生物學家的世代大多來自中產階級，他們需要工作，依賴美國與日俱增的大學提供的教職。約翰霍普金斯大學（Johns Hopkins University）仿效英國的教育系統，開設有研究所獎學金的博士學程來訓練生物學家。後來有少數幾位幸運兒在正轉形為支持實驗的研究型大學找到職位，這些學校有哥倫比亞大學、耶魯大學、哈佛大學、史丹福大學、芝加哥大學等。海洋生物實驗室與更晚設立的其他研究站，成為研究者聚會和互相學習的地方，這類活動一般在夏天舉行，每一個人都是自家機構少數幾位生物學家的其中之一，但是他們能在這些夏季研究站找到一群志同道合的夥伴。美國生物學家通常是實用主義者，奠基於經驗觀察，同時也知道更宏觀的國際理論脈絡以及日新月異的技術。[1]

摩根

摩根 1901 年出版的《再生》這本書是我們了解美國傳統的起點，尤其是再生研究在其中的地位。那時他已經發表二十一篇名稱有「再生」一詞的文章。多數文章提到經驗研究的結果，觀察了各種生物，例如好幾種長條狀的蠕蟲，還有渦蟲、水螅、寄居蟹、魚類、海膽，以及有纖毛的喇叭屬（Stentor）微小生物。有一些授課內容和著作則是評論其他人，尤其是德國人提出的不同詮釋。

1901 年之前，摩根已經在他的第一本書《蛙卵的發育：實驗胚胎學入門》（*The Development of the Frog's Egg: An Introduction to Experimental Embryology*）發展出可行的策略。[2] 他進行實驗，寫成學術論文並發表，在課堂上說明他如何在其他研究的脈絡下思考自己寫下的內容，得到其他人的回饋，然後集結成書。他對再生採取完全一樣的步驟。他在整個 1890 年代還發展出適用於任何海洋生物的研究模式，這用來處理他的問題時似乎很有效。於是，他在麻州鱈魚角西南端的伍茲霍爾小鎮付諸實行。在那裡，摩根加入一個活躍的社群，他們經常聚會討論想法與發現，不是在海洋生物實驗室，就是在摩根在巴澤茲灣大道（Buzzards Bay Avenue）的房子和小農場。

雖然科學史學家寫了很多關於摩根研究果蠅遺傳學中染色體的角色的事蹟，這些研究讓他獲得 1933 年諾貝爾獎，但是很少人關注他在再生和發育方面的成就。對於摩根的主要立傳者艾倫（Garland E. Allen）以及其他從事科學寫作的歷史學家來說，當遺傳學成為生物學主流，摩根對於再生和胚胎學的一般性討論，與他們認為他更重要的遺傳學研究似乎就是連不到一塊兒。其實根據摩根同輩人與歷史學家的看法認為，甚至摩根在 1934 年發表了《胚胎學與遺傳學》（*Embryology and Genetics*），這本書也沒讓這兩個領域真正連起來。然而摩根自認做到了，說他把胚胎學和遺傳學的討論都放進來，而且實際上提出了扎實的問題，像是基因的效能，以及基因與生物體其他部分交互作用的方式。[3] 考慮到摩根的再生研究遭到漠視，還考慮到他在這項研究花了多少心血與他重視的程度，仔細看待摩根對於再生的概念，當作理解他的廣闊生物思維的方式，我們認為很有價值。

直到 1901 年與之後好一陣子的再生研究，主要集中在個體受到損傷後生物構造發生什麼情況的形態研究，而非影響功能的生理討論。雖然魏斯曼與胡都暗示，再生可能跟遺傳與染色體有關，但是直到二十世紀後半，作為再生解釋的主要因果機制才納入遺傳學這門 1900 年以後的新科學。摩根自己的確看出遺傳對於生物學的重要性，卻沒有看到把基因本身連結到再生等發育現象的方法。摩根以果蠅（*Drosophila* 屬果蠅）研究著稱，卻終其一生堅定表示，本身最喜歡的研究生物是海鞘（*Ciona* 屬海鞘），他也顯然樂於研究渦蟲以及牠們的再生現象。他一直維持對於再生的興趣，認為再生是一種發育過程，但不是與遺傳有關的過程。

摩根在 1866 年出生於肯塔基州。他成為專業生物學家的路徑，始於 1890 年在約翰霍普金斯大學獲得的博士學位，指導教授是動物學家布魯克斯（William Keith Brooks）。在十九世紀晚期的美國，生物教授的就業市場很小，因此摩根算是很幸運，拿到布林馬爾學院（Bryn Mawr College）隔年（也就是 1891 年）開始的職位。他在那裡會接替生物學家威爾森（Edmund Beecher Wilson）的教職，威爾森也是從約翰霍普金斯大學畢業的校友，即將前往哥倫比亞大學教書。布林馬爾學院成立於 1885 年，很快就成為美國女子學院的名校，擁有進步的願景，就是教育女性各領域的知識，包含科學。摩根在那裡待到 1904 年，然後再度追隨威爾森，一起加入哥倫比亞大學。他任職到 1928 年，然後遷往加州理工學院。1904 年，他與布林馬爾學院以前的學生莉蓮·桑普森（Lilian Vaughan Sampson）結婚，莉蓮持續在哥倫比亞大學與海洋生物實驗室進行胚胎學研究。[4]

夏季在海洋生物實驗室時，莉蓮希望和摩根一起到實驗室工作，包括從事再生研究，但是這對夫婦有四個據說非常活潑好動的孩子。幸運的是，摩根的母親會過來和他們共度暑假，在伍茲霍爾幫忙帶小孩。有一張海邊野餐的照片（圖3.1），可以看到摩根媽媽穿著一身黑色洋裝坐在石頭上。於是摩根把《再生》這本書「獻給我的母親」。

大概是因為每個夏天在海洋生物實驗室的往來，摩根接到威爾森與同事兼系主任的奧斯本（Henry Fairfield Osborn）的邀請，讓他到哥倫比亞大學給一系列講座。摩根記述在 1900 年 1 月去到紐約，給了五堂講座，主題是「再生與實驗胚胎學」。他在書中的序論評述表示，他開始抱持一種想法，再生是發育重要而平常的一部分。他的研究一開始是對卵和胚

━━━ 圖 3.1

摩根一行人在麻州伍茲霍爾附近野餐。Image courtesy of the Marine Biological Laboratory Archives. https://hdl.handle.net/1912/21003

胎進行觀察及實驗研究,就像胡與杜里舒所做的那樣。他還開始懷疑一些解釋,那些解釋的根據是,胡假設染色體與細胞核具有驅動遺傳和發育的作用。他也否定魏斯曼的假設:天擇為一些生物準備好更容易再生的能力,卻讓一些生物完全無法再生。因為這些假說都與摩根看到的現象不符。於是他極力主張,以他認定科學的方法來研究生命問題非常重要,這必然代表要排除他認為的「無法證實的推測」。[5]

摩根致力於謹慎、科學的研究，以觀察和假設驅動的實驗（hypothesis-driven experiment）為基礎，這在他 1901 年的《再生》一書清楚展現。摩根在書中把生物想像成可以自我調節的動力學系統。這些系統之內，各個部分與各種過程（像是生長和發育）之間存在著張力，以致於生物終其一生必須不斷調整。張力受到傷害的「拉扯」而失序，這樣的干擾引起一種系統性反應，需要透過再生來恢復秩序。對摩根來說，再生是正常生長與發育的延伸。讓我們跟隨摩根的結構和推論，檢視他對引導再生的邏輯和規則的思考，以及對理解生命的正確科學途徑的看法。

　　摩根在談論歷史背景時，顯示出對於錢伯利、邦納和斯帕蘭札尼的貢獻很熟悉，接著自己重做了他們的多項觀察。他概述與再生有關的廣博知識，凸顯出這種現象實際上非常多樣化，以及再生代表什麼。蠑螈的許多部位都能再生，然而有的動物，例如蜥蜴，只有一兩個部位可以再生。在某些情形下，斷頭的蚯蚓可以再生出新的頭部，但斷尾卻不能再長出尾部。「淡水渦蟲展現出非凡的再生力量」（《再生》，1901 年，頁 9），透過製造出正確種類的新物質，有能力從各種切法復原。摩根在開頭的一小節，利用對於多種生物的廣泛研究，展示不同種類的生物對於傷害有不同的反應方式。除了完整個體的再生，他指出，卵和胚胎失去一個細胞還能復原，如同胡與杜里舒的實驗那樣，這就是一種再生能力。

　　摩根特別指出胡、巴弗思、魏斯曼對於再生是什麼的論述，但他不認同。杜里舒認為再生是指導更替的調節作用，他也不相信。摩根自己制訂專門詞彙，並加以區別。為了應對受傷而出現的這類再生，是「恢復再生」（restorative regeneration）。「生理再生」（Physiological regeneration）發生在汰換部位的時候，像是鳥類掉羽、紅鹿落角或者蟹類蛻殼，然後長出新組織的情形，這是生命自然週期的一環。摩根提出「新建再生」（epimorphosis）這個名詞，用來指個體產生新的物質，組成新的部位以取代舊部位的情形。這種再生的一個典型例子，是水螈的尾巴遭截斷後又再生，這時水螈的細胞會大量增生，好重新長出尾巴。摩根還提出「變形再生」（morphallaxis），是指個體的切口或受傷表面重新形成新的部位，但卻沒有增加新物質的情形。例如當水螅給切成好幾片，每一碎片都能經過重組，長成一隻新的水螅，但不需要藉助正常的細胞分裂過程。上述框架提供摩根一種組織方法，讓摩根以嚴謹的章法來討論經驗證據與他的詮釋。

　　在這種框架內，摩根想知道導致再生的原因，以及讓它可能發生的條件。他考慮了一切，從溫度、食物、光線、重力、接觸、環境中的化學變化等外在因素，到頭尾極性、側面組織、對斜面的反應、內部器官的影響、新物質的量、舊部位對新部位的影響、細胞核的影響、切口邊緣的縮合等內

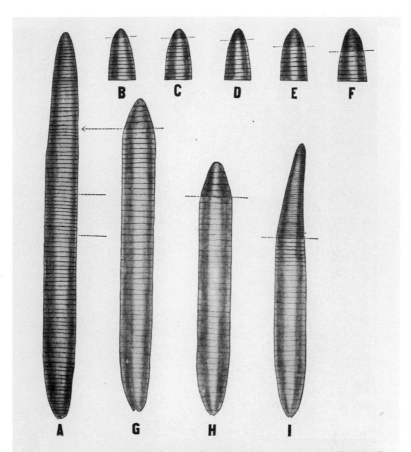

圖 2　*Allolobophora fætida* 正常蚯蚓。B-F：蚯蚓的前端分別切除一、二、三、四、五個體節後，再生出同樣多的體節。G：切掉前端三分之一，只再生頭端五節。H：蚯蚓從中切成兩段，會長出頭端五節。I：蚯蚓從中央靠後處切成兩段，前端會再生出異形尾部。

━━━ 圖 3.2

圖 2，出自摩根（Thomas Hunt Morgan），《再生》（*Regeneration*）。紐約：麥克米倫（Macmillan），1901 年。

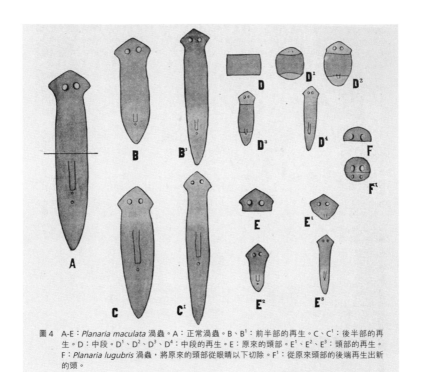

圖 4　A-E：*Planaria maculata* 渦蟲。A：正常渦蟲。B、B¹：前半部的再生。C、C¹：後半部的再
生。D：中段。D¹、D²、D³、D⁴：中段的再生。E：原來的頭部。E¹、E²、E³：頭部的再生。
F：*Planaria lugubris* 渦蟲，將原來的頭部從眼睛以下切除。F¹：從原來頭部的後端再生出新
的頭。

━━━━━ 圖 3.3

圖 4，出自摩根，《再生》。紐約：麥克米倫，1901 年。

部因素。這些清單顯示出摩根認為有哪些因素影響再生是否
會發生，以及如何發生。他報告自己的觀察的同時，也報告
其他人的結果，而且解釋得很清楚，讓別人可以跟著做。雖
然他提及植物的再生，重點仍是各種動物的再生（圖 3.2、圖
3.3 及圖 3.4）。摩根討厭「無法證實的推測」，因此沒有提

出這些因素如何在再生過程中發揮作用的理論，而是指出前
輩的推論有什麼不完備之處。他想要盡可能詳細並清楚確認
出這種現象的範圍。

　　雖然摩根承認，為什麼再生發生在某些生物或某些部
位，而非其他生物或部位，這類關鍵問題的確存在，但反對

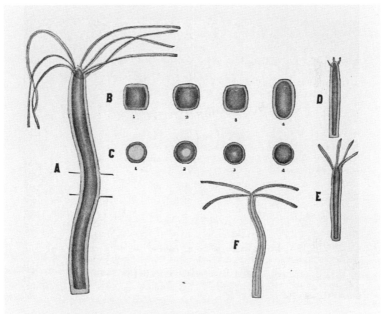

圖 5　*Hydra viridis* 水螅。A：正常水螅，黑線顯示切出一小段的切割處。B1-4：從側面觀察的 A
段變化。C1-4：從截面觀察的結果。D、E、F：同一段的後期變化，按相同比例繪製。

━━━━━ 圖 3.4

圖 5，出自摩根，《再生》。紐約：麥克米倫，1901 年。

魏斯曼等人的想法，他們認為由於某些生物或部位愈來愈「易於受傷」，於是演化讓牠（它）們產生適應。魏斯曼表示，透過天擇的演化會讓生物適應容易受傷的傾向，這樣是說得通的。蜥蜴很可能傷到尾巴，蟹類很可能受傷或失去螯或腳，蜘蛛可能斷腳，海星可能失去腕足等等。魏斯曼認為，適應殘缺的能力明顯會讓生物擁有優勢，因此再生是一種透過達爾文天擇過程而保留下來的適應行為。

摩根耐心解說魏斯曼的推理，以及其他研究者的論證和結果，鉅細靡遺。是的，他的結論是，再生能力是一種優勢。無庸置疑。然而，有時候，實驗標本在沒有損傷的正常條件下，卻有部位進行再生。為什麼這是支持適應的證據，而不是反對這種演化詮釋的證據？還有一些例子的再生顯然不具適應性，例如渦蟲的尾端長出一顆頭。

摩根擴大自己的反適應觀點，舉出進一步的例子表示，再生的發生有好幾種方式是為了應對特殊的偶然狀況，這些方式一點都不「正常」，也不具適應性。內部器官遇到傷害會做出反應，也就是進行正常的生理再生，有時卻產生異常結果。這種過程並不完美，暗示生物會做出一系列互相影響的複雜生理反應，而且發生在生物內部。摩根把這種過程想成完全分開的個別細胞，每一個細胞都透過某種再生發育成完整個體，類似雙胞胎的發育。他做出結論說，這種現象需要某種內部協調作用與過程指導。另一起例子是把某個體的部分組織移植到另一個體上，然後觀察它們的反應，如此顯示出有一種再生是與運作良好的完整個體有關的。摩根集結眾人認為是再生的各種現象，並想要找出爭議的關鍵，好評估需要哪些努力才能提出解釋。

所有案例都有一個問題，就是關於新物質的來源：這些新物質是為了應對損傷而全新形成的（新建再生），還是用現存材料改造成的新部位（變形再生）？其中一種途徑是把卵和胚胎視為再生的例子，由於只涉及少數細胞，他可以很容易觀察到造成的變化。胡和杜里舒分別用蛙類與海膽的半個胚胎進行的實驗，在摩根思考胚胎再生時舉足輕重，他仔細重複這些實驗，並回應兩人的研究。起初他著重於說明細節與觀察，思考別人的理論，但是沒有接受，最後他轉向自己提供詮釋的成果，展示獨特的科學途徑，這是他與美國同僚的典型作風。摩根堅持傳統意義上的經驗途徑，主張從觀察開始，進行大量觀察，然後做出觀察的摘要。[6]科學家應該在累積大量觀察之後，才能夠試圖建立詮釋。

為了討論理論，摩根需要回顧當代的德國文獻。普夫呂格（Eduard Friedrich Wilhelm Pflüger）曾經進行實驗，想了解像是重力等環境條件對於早期細胞分裂的影響。胡、玻恩（Gustav Born）、杜里舒，以及摩根本人也這麼做了。這些報告讓人開始討論細胞分裂的原因與效應，以及分裂對於胚胎其餘部分的反應與影響的機制。摩根認為這些爭論引發了

「生物的部分與整體有何關連」這類基本問題，並隱含理解再生與發育的核心。雖然摩根不接受杜里舒的生機論，但他承認至少思考杜里舒和其他人提到的「形成力」（formative force）的意義是有價值的。摩根簡單做了結論，「必須假設在卵之中存在這樣一種組織，它在卵裂過程中能夠分割再分割，而不會因此失去主要性質。」[7]

摩根從認為卵中必定有某種組織的觀點，轉向檢視那種組織涉及什麼「作用方法」，尤其是為了再生。他再度回顧其他人的假說，指出每一種假說的缺失，以及採納該觀點之前需要回答哪些問題。例如，雖然胡認為在他的半個胚胎實驗中，有一些特別的「後生成」因子可以解釋未受損細胞如何復原和發育，但是摩根相信再生與正常生長和發育涉及的因子是一樣的。

摩根想要知道，特別是有鑑於再生是正常發育的延伸，控制和調節再生過程的因素是什麼？有一種可能性是，生物終其一生都經歷到一種遍布全身的張力。這種貫穿全身的張力或大或小，呈現出來的程度與個體的再生能力相關。可以這麼說，打斷這種張力會引發修復秩序的反應。摩根提到，渦蟲很漂亮地展示出這種效應，因為把牠們切開，然後觀察在不同條件下重新生長的情形，這樣可以顯現出渦蟲的局限，譬如說牠們在何處與何時能夠或不能夠長出頭部。結果是能長出頭部，「我想，如果我們推測某種張力就是發揮作用的影響力，那會是更好的理解。」[8]因此，內部組織形塑的內部因子調節生長，使得受損的生物變成一個新的有序完整個。摩根沉思，甚或有一個由多重張力構成的系統在發揮作用，或許這個想法還太模糊。他認為內在張力系統可能是初步可行的假說，雖然還有待檢驗與改善。

摩根重申，再生並非應對變動環境條件的特殊反應，而是一種正常生長和發育的內部過程。再生也不是針對外部條件的演化適應過程，即使這種過程很有用。我們必須從個體和其各部分、過程，以及長期發展來審視。摩根在結束這個主題時，並沒有嘗試提出最終結論或大理論，而是建議以詮釋作為進步的方法，但這些詮釋不是靠著無法檢驗或未經檢驗的假設所推得的。他打開大門，讓其他人加入討論。結果，真的有人加入，一開始是洛布。洛布也考慮內部因子，但是更加相信外部環境條件與內部組織交互作用的影響。而且，洛布對於生命的看法，最初堅持的是機械論觀點。

洛布

洛布在 1859 年出生於德國。他原來的名字是以撒克（Isaak），十二歲時遭逢父母過世，改名為雅克（Jacques），他日後離開猶太家庭，接受人文學科的教育，後續再接受醫學教育。洛布博覽群書，這對後來的理論工作很有幫助，他在進行這類工作時經常運用到哲學觀點。他的父親認同法國，於是他能夠接觸到德法兩國的文學與文化。雖然他讀的是醫學，但不喜歡臨床實務，很快就轉而研究生命系統的生理過程。科學史學家包里（Philip Pauly）以洛布的研究為主題，寫成一本傑出的科學傳記，描述洛布身為思想家的演變過程。[9]

包里說明了洛布在德國生理學、物理及哲學世界的地位。洛布對於生命完全抱持唯物論觀點，但也贊同生命系統可能有某種指引。他與物理學家及哲學家頻繁通信，使他對於生物學充滿工程觀點，渴望找出發育生物學中的機械論解釋，好與物理學並駕齊驅。洛布對於機械論的追尋，以及對於物理學的喜好，這種立場在十九世紀晚期的德國生物圈並不受歡迎。因為他無法遵從德國學界的生理學觀點，或許也因為受限於猶太血統，洛布知道自己在德國的事業生涯前景黯淡。他在更加了解美國教育體制之後，決定前往美國。1890 年，他與美國人安·萊納德（Anne Leonard）結婚，讓這次的生涯轉換變得更令人心動。[10]

儘管布林馬爾學院的校長湯瑪斯（Martha Carey Thomas）其實是公認的反猶太人士，洛布與妻子卻說動校長在 1891 年聘用他。他在布林馬爾學院加入摩根的行列，摩根教導從形態來觀察組織構造的課程，洛布教授生理學課程，而且他顯然非常享受這段經驗。然而，洛布只待了一年，據說是因為實驗室設備不夠充裕。1892 年，新成立的芝加哥大學邀請洛布跳槽，他很欣喜地接受了，這所大學有吸引人的研究實驗室，以及更多生物學專業同事。[11] 洛布因為與摩根的關係，以及後來與芝加哥大學生物系主任惠特曼（Charles Otis Whitman）的關係，也到了伍茲霍爾和海洋生物實驗室，那裡的所長就是惠特曼。

洛布 1892 年度過在海洋生物實驗室的第一個夏季，他在這裡籌劃一系列講座，後來變成歷久不衰的生理學課程（圖3.5）。這開啟了一項傳統，讓他在多數暑假都會回來，即使 1902 年轉到加州大學後依然如此。洛布在加州時覺得很孤獨，於是在 1910 年轉往紐約的洛克斐勒研究所（Rockefeller Institute），還是繼續在海洋生物實驗室過暑假，這項習慣維持了一輩子，他還幫忙管理海洋生物實驗室裡頭由洛克斐勒贊助的實驗室。

洛布有好幾條研究路線，我們關注的是再生，但也會提到他在人工孤雌生殖的研究。洛布和摩根每年夏天都在海洋生物實驗室進行研究。他們探討各種生物，提出各類問題。兩人都具有旺盛的好奇心，而且都選擇成果可能豐碩的研究路線，就此而言，他們可說是機會主義者。

1899 年，洛布發表說海膽的卵擁有孤雌生殖的能力，也就是牠們光靠卵而不需要受精就能發育出個體，這讓他吸

引了大批媒體的注意。這些卵至少可以發育到長腕幼蟲的階
段。他認為，這種現象直接揭示發育如何發生，並且影響再
生等過程。從某方面來說，這些自行發育的卵正在填補缺失
的部分，這裡的例子來說是指精細胞。

　　洛布特別感興趣的是外部條件對於發育和再生的影
響。以洛布等人在歐洲的那不勒斯動物學研究站（Naples
Zoological Station）所做的研究為基礎，他很好奇，不同鹽
濃度造成的滲透壓若是改變，會對卵有什麼影響。因為鹽濃

度改變，內部壓力也會改變，洛布認為這種變化可能也會影響發育的速率。海膽卵是絕佳的研究對象，因為這些卵夠大，很容易觀察，而且在海洋生物實驗室或那不勒斯研究站不難取得。洛布記錄下各種結果，包括把卵從濃鹽水移回海水裡，卵的細胞會突然快速分裂，不像正常發育過程中的漸進式分裂。洛布的想法是，卵在濃鹽溶液中時，細胞核會繼續分裂，而細胞裡的水分減少（由於鹽分增加），讓細胞質不會分裂。在洛布看來，一旦把這些細胞重新放回普通海水裡，細胞質會在細胞核的指引下有所反應。他認為細胞質並非特別重要，而細胞核則很重要，他相信是細胞核產生的機械式交互作用導致發育過程。[12]

大約在二十世紀初的時候，摩根進行了類似的實驗，他並不贊同洛布認為細胞質無關緊要的主張（當時許多生物學家把細胞質稱為原生質）。對摩根來說，細胞質是與張力系統組織在一起的東西，他在《再生》一書中提過這種系統。兩人掀起相關詮釋的論戰，還有其他進行類似實驗的人加入。洛布恰好是能讓海膽卵行孤雌生殖直到長成幼蟲階段的人。摩根的學生斯特蒂文特（Alfred Sturtevant）日後為老師立傳時寫道：「摩根晚年有時會談到這件事；他明顯感覺到，洛布對於本身的研究守口如瓶，卻利用各種機會想打探摩根在做什麼。然而，摩根沒有像伍茲霍爾同陣營的一些人那麼忿忿不平，在我認識他和洛布的期間，自 1913 年到 1924 年洛布過世為止，兩人的關係相當友好。」[13]

洛布在孤雌生殖方面的研究，有些新聞記者稱為「處女生子」（virgin birth），由於這種發育過程似乎不需要雄性透過受精提供任何貢獻，這讓洛布在民眾心中留下負面的名聲。顯然洛布不喜歡這種知名度，但這不是他努力求來的，而是別人大肆宣傳他的研究造成的。然而，他的研究獲得關注的確成為助力，讓他在芝加哥大學、海洋生物實驗室、加州大學及洛克斐勒研究所的研究都能獲得支持。[14]

洛布積極提倡以機械論途徑來研究發育，並持續探討不同生物的孤雌生殖，試圖解釋在卵未經受精的情形下，有哪些因子在指導發育。有一種因子特別引起他的興趣，那就是向性（tropism）。向性是生物個體或身上部位受外界刺激而產生的移動反應。例如，光可以吸引生物朝著特定方向，或往某些方向生長，這就叫做向光性。或者就像洛布思考的問題，鹽濃度可能引起會促進細胞分裂的反應。洛布想知道為什麼。生物內部發生什麼事情，因而對外部條件做出反應？他的人工孤雌生殖實驗，事實上是控制外部條件而引發內部反應的特例。

1907 年，洛布在《科學》（Science）期刊發表一篇論文，解釋自己剛萌芽的想法。他在這篇名為〈論受精過程的化學特徵及其對生命現象理論的影響〉的文章中承認，「從無生命物質是否能產出生命物質，各人或許有不同意見；但是我想我們都同意，除非對於生命物質是什麼有清楚的概念，否則想要以人工方式製造生命物質，成功的希望不大。」[15] 洛布想要找出支配生物個體內過程的規則，然後運用於控制與改善生命。但是，如同他提到的，這必須從知道生命如何運作開始。他把植物與動物的發育視為起點，因為如同他指出的，物質在此以某種方式自動形成該有的樣子，成為有組織、有功能的生物個體。因此，知道人工孤雌生殖如何產生如同正常受精的發育反應，會是重要的見解。

由於洛布是對物理有濃厚興趣的生理學家，他的大部分文章和許多人一樣都涉及化學，這並不足為奇。個體在發育時，發生了什麼化學變化？也就是說，個體內有哪些過程反映出發育各階段？還有，是什麼因子導致這些變化？好比說，是什麼因子引導細胞膜的形成？洛布有自己的答案。細胞核裡的物質，也就是核素（nuclein），含有生物必要部位的化學合成所需的物理性質。我們引用洛布的幾段文字，因為這篇論文真正揭露出他的途徑，以及這種途徑與摩根的差別。洛布寫道：

> 我認為，核素合成的機制是一條線索，讓我們能夠找到合理的方式了解生命物質的特徵，否則這些令人眼花撩亂的機制有如迷宮；其一是生長現象，其二是自保現象。……細胞核或其組成分之一在未

受精卵的核素合成過程中擔任催化劑,這可以被證實。……細胞核對於核素合成的影響,以及這種合成對於生命物質的保存與延續的作用,解釋了後者最神祕的特徵之一,亦即細胞的自動複製。[16]

這樣看來,隨著遺傳學的發展,洛布似乎將成為這門新科學的支持者,但其實不然。他雖著迷於孟德爾學說與遺傳理論的數學,但不贊成所謂的細胞遺傳學,這門科學特別強調,細胞核和細胞質的遺傳因子能夠決定發育中的生物會發生什麼事情。包里根據檔案紀錄的敘述提及,到了 1916 年,洛布宣稱遺傳學「開始讓他覺得很困惑」。[17]

讓我們花一點時間來推敲洛布的思路。從一開始,洛布強調他探究的是「生命物質的特徵」而非「生命」。對於洛布來說,生命是物質,是運動中的物質,如同我們在前一章看到的唯物論者的想法。他強調生命物質,代表他也反對任何形式的生機論。對洛布而言,生物及其過程不能以杜里舒提出的生機論途徑那樣,訴諸不可見的不可知力量來了解。

不,生命必定是物質構成的,可透過化學和物理來理解,因此我們必須採取「生命的機械論觀點」,才能真正了解自然,如同他以此為名的 1912 年書籍所強調的。洛布除了確信唯物論,也確信細胞核的化學合成作用作為主要因果機制的重要性。洛布透露對於科學如何運作的認識論信念,還有他「可以被證實」的主張。摩根提出假說，並呼籲更進一步的實驗研究時，洛布忙著「證實」他的詮釋是正確的。最後，他藉由這麼做，聲稱自己正在解決生命的基本問題：是什麼因子驅使細胞以看似「自動」的方式分裂？這篇1907年的論文清楚說明了支撐洛布持續研究的推論。

1912年，洛布集結一系列文章出成一本書，書名是《生命的機械論觀點》（*The Mechanistic Conception of Life*）。全書共有十章，探討向性的各個方面，和其他左右發育的因子，而第一章詳述他對生命的宏大構想。開頭幾句話提出一幅大膽的願景，這是他整個生涯都在持續發展的。再次說明，我們值得在這裡引用他的文字，可以看到他如何表達自己的信念與目標。「本文的目的在於討論以下問題，我們現有的知識否給予任何希望，讓生命，亦即所有生命現象的總和，能夠用物理化學的詞彙來明確解釋。如果在嚴謹審視的基礎上，這個問題能夠獲得肯定的答案，我們的社會與道德生活必須置於科學的基礎上，我們的行為準則必須與科學生物學達成和諧一致。」[18]

是的，這些強烈措辭是為了提出強力觀點。洛布是認真的。他強調了科學的功效包括提供我們道德和社會指引，以及對於生命的生物學理解，他能說服的同儕並不多。然而，這讓他獲得尊敬。洛布受邀去帶領海洋生物實驗室裡由洛克斐勒資助的生理實驗室，洛布去世的時候，海洋生物實驗室說他是該實驗室的核心人物。[19] 他選擇死後火化，讓骨灰安置在彌賽亞教堂的伍茲霍爾墓園，與各種宗教信仰或無宗教信仰的多位科學家一起長眠。

《機械論觀點》裡的文章闡述洛布的價值與目標。幾年後，他在 1916 年的另一本著作則以書名提問，如何理解《作為一個整體的生物體》（*The Organism as a Whole*）。他推行機械論綱領，探討一系列生命問題，這裡是指以生物體形式存在的生命，並且延伸到再生的研究。他專注在個體的物質系統、對受傷或缺損的反應，以及恢復完整與正常功能狀態的

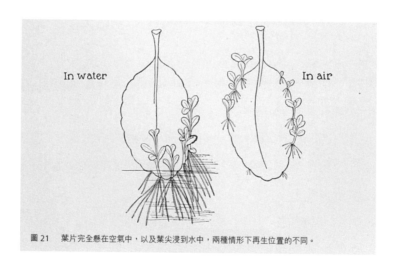

圖 21　葉片完全懸在空氣中，以及葉尖浸到水中，兩種情形下再生位置的不同。

━━━━ 圖 3.6

圖 21，出自洛布（Jacques Loeb），《再生》（*Regeneration*）。紐約：麥格羅希爾（McGraw-Hill），1924 年。

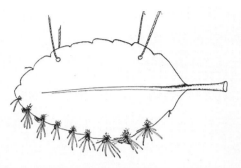

圖 23　重力對於葉片上根與芽形成的影響，葉片從側邊吊起，讓葉面呈垂直狀態，懸掛在潮濕空氣中。只有葉片下緣長出根與芽。

────── 圖 3.7

圖 23，出自洛布，《再生》。紐約：麥格羅希爾，1924 年。Images by Miss M. Hedge, Rockefeller Institute Illustration Division.

反應。[20] 他尋求明確而不隨意變動的解釋，與維持個體完整的物理和化學因子有關。

　　洛布參考摩根和柴爾德的再生研究提到，生物體具有再生能力，讓人關注到整體在形塑部分時的重要性。他自己的研究集中在百慕達的「落地生根」（*Bryophyllum calycinum*）植物（圖 3.6 和圖 3.7）。落地生根的葉片切下來後，可以長成好幾棵完整的植物，這種過程不會發生在普通生物上。例如，葉子與植株其他部位分離後，一般不會像落地生根一樣長出根來。為什麼不會？這是後來成為洛布最喜歡的長年研究主題的起點。歐斯特豪（W. J. V. Osterhout）是洛布在加州大學的同事，為後者寫下的生平提到，洛布研究落地生根很多年，卻沒有看過長在野外的植株，後來終於看到生長於百慕達的落地生根，讓他很開心。[21]

洛布持續發展自己的生命機械論觀點的同時，也持續研究再生。他在 1924 年發表最後一項著作，也就是《再生》（Regeneration）一書，然後在同一年過世。在開頭的前言，他重申自己整個專業生涯一再強調的重點：成功的機械論觀點需要量化的結果，還有以數學公式與定律表示的解釋。生物科學不能容許生機論或其他形而上推測，像是杜里舒提出的「指導原則」，也不能容忍好比胡提出的後生成這類假說。洛布表示，到當時為止的研究確實不少，但沒有一項是量化研究。這本書的重點，是把他這些年進行的量化實驗結果彙整起來。

洛布尤其專注於不同條件下的植物重量。他相信植物有一定的質量。他認為莖或葉有特定量的物質用於促進生長，如果切掉一部分，剩下的組織有足夠的質量進行生長，補回缺失的部分（圖 3.8）。「再生過程因此顯示純為物理化學現象，除了純粹的物理化學力以外，沒有必要也沒有餘地假設一種指導原則。」[22] 這種「質量關係」是詮釋再生過程的關鍵。

洛布在書中分成兩部分，來處理兩個主題。第一部是傷害，他稱為殘缺，以及遵循質量關係的再生。第二部是生物

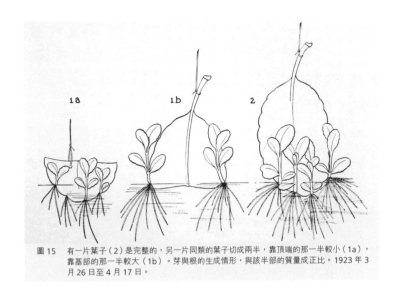

圖 15　有一片葉子（2）是完整的，另一片同類的葉子切成兩半，靠頂端的那一半較小（1a），
靠基部的那一半較大（1b）。芽與根的生成情形，與該半部的質量成正比。1923 年 3
月 26 日至 4 月 17 日。

━━━━ 圖 3.8

圖 15，出自洛布，《再生》。紐約：麥格羅希爾，1924 年。

．

體各處的極性，這個主題我們會在提及柴爾德時再來談，柴
爾德關注於他稱為梯度的問題。洛布認定，他整個生涯所進
行的實驗是可以證明自己理論的「證據」。

　　我們不需要從頭到尾推論一回，但值得嘗試理解他倚重
的質量關係是什麼意思。洛布簡要回顧早期研究，包括摩根
的渦蟲實驗，然後他明確地說，關於再生還沒有出現任何科
學解釋，「如果科學解釋是指基於量化測量的理性主義數學
理論。」[23] 以前嘗試提出的解釋，都只是高談闊論。

為了提出符合自己要求的數學解釋，洛布從三項假設開始。第一，光線讓他栽培的落地生根的莖與葉得到正常生長所需的一切，以及所有必要物質。第二，植物質量的增加，與葉綠素的量成正比。第三，整個過程中，植物可用於再生的葉綠素的量都是固定的。這些假設讓我們得出洛布所說的「質量關係」，根據這種關係，「再生出來的芽與根質量，與再生發生處的葉或莖的質量成正比。」[24] 再生的發生地點，取決於「原基」（anlagen）的配置，但是再生的發生方式，則取決於質量。對洛布來說，這種質量關係如同一種定律，他認為足夠簡單明瞭，這種解釋再生的方式應該能夠令人信服。然而，並非每個人都接受洛布的推論過程，實際上接受的發育生物學家也不多，這件事顯示洛布對於自己的評估過度樂觀。

　　進行了一系列實驗並提出詮釋之後，洛布的結論是，他的途徑可以解釋再生，卻留下兩個問題有待進一步研究。質量關係不能解釋再生會發生在何處，也就是，為何再生只出現於葉片上的特定位置。還有，他承認，質量關係無法解釋為何再生出來的組織一定正好是落地生根的組織，而不會是別種植物的組織。他堅稱，這些特點也能夠從物理化學的角度來說明，但是需要更多研究。洛布到野外長有落地生根的百慕達度假，遺憾的是，他在這段期間染病，結果於 1924 年去世，他的研究就此終止。如他所願，他積極努力地進行研究，直到生命的最後一刻。他對機械論觀點的提倡，以及人工孤雌生殖的研究，都引起高度關注。他在質量關係與再生方面的想法，則沒有那麼大的影響力，當然也沒有在教科書中得到高度認可，不像摩根的遺傳學研究那樣。然而，洛布對於理解和控制生命的熱情，與現代合成生物學領域熱中在實驗室合成生命的努力產生了共鳴。

柴爾德

我們想要近距離了解的第三位人物是柴爾德。摩根在肯塔基州長大，經常在鄉間遊蕩；洛布在德國成長，沉浸在哲學之中，身處於後來排擠他的文化；相較之下，柴爾德顯然在新英格蘭地區度過快樂的童年。柴爾德的研究以各種方式與摩根和洛布交流，然而他採取不同途徑，如同他在生物學專業上有不同的歷程。

雖然柴爾德 1869 年出生於密西根州的伊普西蘭提（Ypsilanti），卻在康乃狄克州的希加農（Higganum）長大，基本上算是獨生子，因為他的手足都早夭。他在中學時，開始對博物學和顯微鏡能探究的事情產生興趣。在雙親去世，以及取得衛斯理大學（Wesleyan University）的學士與碩士學位之後，他在 1892 年前往德國，待到 1894 年，在那裡學習科學和文化。他跟隨動物學家羅伊卡特（Rudolf Leuckart）從事研究，拿到萊比錫大學（University of Leipzig）的博士學位。這一切形塑了他對科學可能面貌的看法，這些經驗讓他在進入美國新興的生物學專業時處於優勢地位。摩根在約翰霍普金斯大學確立專業資格，洛布在德國，而柴爾德則是以德國學位為基礎，在芝加哥大學建立自身的資格。

約翰霍普金斯大學是美國的第一所大學，創立於 1876 年，是採取英國模式的研究型大學，生物科學是該校研究所課程的重心。芝加哥大學建立於 1890 年，採取重視研究的德國教育模式，也把生物科學當作重心。然而，約翰霍普金斯大學著重在生命科學和醫學院，芝加哥大學的理念是成為一所博雅教育學校，因此沒有設立醫學院。玻伊爾（John Boyer）所寫的《芝加哥大學：一段歷史》（*The University of Chicago: A History*）一書中，詳述了這些願景與價值，這也是讓這所學校很快成為美國一流大學的原因。[25]

在芝加哥大學，哈潑（William Rainey Harper）校長延攬惠特曼擔任動物學教授，並建立生物學程。原來惠特曼是萊比錫大學的博士，也接受羅伊卡特的指導，與二十多年後的柴爾德一樣。柴爾德在 1895 年加入芝加哥大學，職稱從動物學助理、助教到講師，1905 年成為助理教授，然後是副教授，到了 1916 年成為教授。柴爾德一直留在芝加哥大學，到1934 年退休為止。他顯然與洛布有所交流，洛布在柴爾德來芝加哥大學時就在那裡，待到 1902 年才去加州大學。[26]

　　惠特曼用來吸引對胚胎學有興趣的人才的重點，除了芝加哥大學活躍的研究社群以及對卓越教育的承諾，還有可以和他一起參與海洋生物實驗室的暑假計畫。惠特曼身為海洋生物實驗室的所長，邀請學校的教員同事擔任研究員和授課講師，他希望學生來修課，探索研究的可能性。惠特曼也鼓勵研究胚胎學的人從細胞譜系（cell lineage）著手，包括取卵、讓卵受精，並觀察發育過程中的每一次細胞分裂。觀察者利用正確種類的卵，在顯微鏡下觀察，仔細研究每一個細胞的譜系發展。惠特曼認為，累積多種生物的觀察結果，科學社群能夠把這些分裂模式作比較，並開始留下分化和發育的紀錄。惠特曼本身研究水蛭的卵，摩根研究的是 *Polycoerus* 屬的扁形動物，雖然他從來沒有把結果詳細記錄下來，而柴爾德觀察 *Arenicola*（沙蟲屬）的環節動物。[27]

　　柴爾德在芝加哥大學待了一年之後，也在海洋生物實驗室擔任胚胎學課程的講師。柴爾德在那裡遇見莉迪雅・范米特（Lydia Van Meter），她是來上課的學生；兩人在 1899 年結婚，顯然一起過著幸福的生活。柴爾德有好些年都會回到海洋生物實驗室，但是他提到過自己發現西海岸的可用研究材料更合適。海洋生物實驗室幾位科學家的建檔信件顯示，柴爾德一直都不太「適應」。發生這種情形或許部分是因為他的想法不同，也或許有其他個人原因。他從來沒有在伍茲霍爾置產，也沒有每年帶家人或門下學生到海洋生物實驗室，如同摩根、洛布及其他美國生物學界領袖一樣。或許他寧願待在芝加哥的家裡寫作。他的職業生涯相當多產，集中於再生方面，1900 年到 1910 年期間，他發表了四十多篇論文。這些文章特別是在研究扁形動物，主要是摩根和洛布也在研究的渦蟲。其中有許多篇發表在胡主編的期刊或海洋生物實驗室編輯的期刊《生物學報》（*Biological Bulletin*）上。

柴爾德在海洋生物實驗室和芝加哥大學的教學期間，加上自己的研究，他愈來愈投入於理解發育是如何運作的。是什麼因素在驅動發育，使得各個部位聯合起來，變成有功能的組織化整體，而且形成正確種類的生物體？這讓他埋首於思考唯物論和生機論的各種理論，以及每一個生物體的自我組織有多少程度是由於某種內部的預先安排，或者更可能是外部環境因子引發的反應所驅使的問題。和洛布一樣，他想要了解生物體內的交互作用，並想問是什麼因素讓每一個個體運作。摩根提出「張力」概念，洛布主張向性與質量關係，而我們將會看到，柴爾德認為是梯度。

1915 年 11 月，柴爾德出版《生物體中的個體性》（*Individuality in Organisms*）一書。那年更早，他出版了字數更多的《老化與回春》（*Senescence and Rejuvenescence*），極其詳細地描述生物個體的生命週期。如果有人想了解柴爾德自己最重視的研究，幸運的是，芝加哥大學建立「科學書系」，其中的每一本書都「以簡要風格，減少專業細節，力求以全面的方式呈現一個主題。」顯然柴爾德必須放下平時鉅細靡遺的作風，這本輕薄短小的書很容易閱讀，他把重點放在探討「統一性的本質以及生物體中的秩序、特徵的穩定性與發育的過程、變動環境下個體性的維持，以及生殖中的生理隔離、分裂與整合過程。」[28]

在這本書的開頭，柴爾德提到他的觀察，生命是由個別單元組成的。細胞可以是個別單元，生物體也是個別單元。個體性的構成要素，包括具有生命、大小有限、形態明確、能夠動態協調。結果產生了一種統一性（unity），來自於各部分組成的整體，因此我們需要了解這種整體具有的統一性本質。柴爾德指出，發育各階段展現的極性與對稱，有助於定義生物體內的統一性：極性出現於端點到端點之間，對稱來自於兩側之間，或圍繞著中心點出現。生物學面臨的問題，則是辨識出個別單元聚集成有凝聚力且有功能的整體，例如生物體的細胞，然後提問，這是如何達成的。

為了處理這個問題，柴爾德說到自己的詮釋之前，先簡短說明其他人提出的生物個體性的理論。首先，他指出魏斯曼關注的焦點是種質（germ plasm）和遺傳。的確，柴爾德說，魏斯曼與胡等人的詮釋都依賴某種推論性的遺傳單位，因此不能產生可驗證的科學理論。更確切來說，「他們只是把問題轉成以假設性的術語來表示，這已超出科學方法的範圍。」[29] 其次，他仔細思考了生機論，這些理論訴諸某種非物質原則來控制過程。柴爾德指出，杜里舒是主要的提倡者，仍然堅持這種觀點，但他支持的某個版本幾乎被其他生物學家摒棄了。柴爾德解釋，這樣的想法也必然是猜測性的，也不夠格作為科學論述。第三種選項是採取物理化學途徑，從物質與運動來解釋生命過程，如同洛布的強烈主張。雖然這種論述吸引人的地方，在於它至少很科學，但柴爾德認為尚未產生出該途徑宣稱要追求的定律。比起物理化學途徑一向令人聯想到的晶體或其他簡單物質系統，生物要複雜多了，因此這種途徑也無法解釋真正發生的變化。所以，這些嘗試都失敗了。

或許個別生命的統一性其實不存在，如同一些批評者所說的，但是柴爾德反對這種想法，指出生物的行為必定會依循協調和諧的方式。現存的假說無一能解釋生命的動力學交流本質，這種本質暗示有某種東西在生物體內輸送，可說是一種刺激。柴爾德相信，生物體有些區域的代謝率較高，有些區域的代謝率較低，藉由某種輸送過程，把物質從高代謝率區帶到低代謝率區。根據這觀點，啟動傳輸的，或許是來自生物體外的某種刺激。柴爾德認為，這是「激發式」的傳輸，而不是由特定某種物質造成的。於是，整個生物體形成了梯度。他把不同因子強度逐漸加大或逐漸減弱的狀態，稱為代謝梯度——這個術語從此為生物學家所接受。他在這本書的其餘部分，解釋這些梯度與重要性。

　　柴爾德的生物體梯度概念提供一種詮釋，關注完整生物個體的統一性，也提供一種論述，認為個體之內存在著差異性。從某方面來說，這種概念所回應的衝動，相當於摩根提出的張力系統。然而，在把因果作用傳輸到整個生物這方面，柴爾德的概念更加有系統，在反映與造成隨時間的變化上也更加靈活。他透過各種方法，探討生物體內的梯度。柴爾德設置一項實驗，來測量多種生物對氰化物的反應。他推論，高代謝活性區會更容易適應毒藥，而低代謝活性區則相反。他觀察生物體內不同細胞與器官在有毒條件下的狀態，

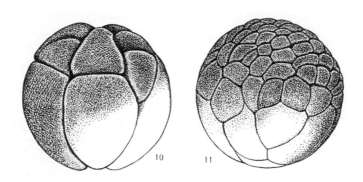

圖 10 與圖 11　蛙卵的兩個卵裂階段，顯示細胞大小的軸向梯度，這是細胞分裂速率梯度造成的。

圖 3.9

圖 10、11，出自柴爾德（Charles Manning Child），《生物體中的個體性》（*Individuality in Organisms*）。芝加哥：芝加哥大學出版社，1915 年。

找到支持自己主張的證據。柴爾德也顯示，胚胎內有類似的感受性梯度（susceptibility gradient）原理在運作（圖 3.9）。他利用不同化學物質，抑制發育中生物不同部位的生長與發育。

柴爾德沒有使用「再生」這個詞彙。然而，他的確在探索梯度時廣泛考慮這種現象，而使用「重建」一詞替代。柴爾德和摩根一樣，他得到的結論是，再生與發育是同樣的過程，「碎片重建成個體，基本上與胚胎發育是同樣的過程，有同樣的主從關係存在於兩種過程之中。」[30] 雖然柴爾德這本不厚的書探討了很多種不同梯度與數種生物，他還把成為寵兒的渦蟲放進來（圖 3.10）。摩根曾經把這些扁形動物砍頭去尾或切塊，洛布也曾這麼做。柴爾德顯然發現這些生物就是如此神奇。切下牠們的頭，通常會長回一顆頭。切下尾巴，會再冒一條尾巴出來。對柴爾德來說，只是觀察對於傷害的反應模式，似乎就能顯示梯度的存在。他的結論是，這種證據明白展現，「動力學過程中的軸向梯度是生物的特徵，以及對每一個個體來說，任何軸上的梯度方向，與沿著該軸方向上的生理和結構秩序之間，存在著明確的關係。」[31] 柴爾德接下來研究梯度的運作方式，有一些梯度有主導地位，有一些則是從屬的，他試圖解釋這些形態是如何發育出來的。也就是說，生物如何從最初沒有結構（至少可說是沒有明顯結構）的卵細胞，變成結構分明且種類正確的個體？

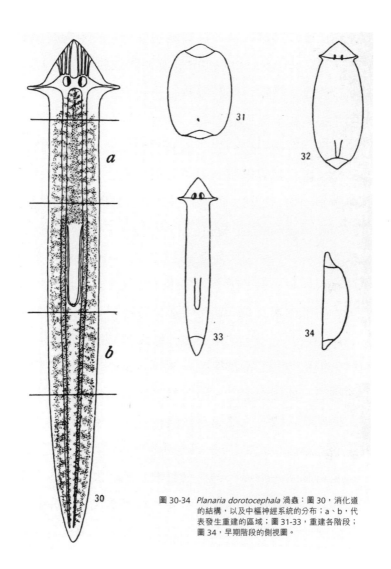

圖 30-34 *Planaria dorotocephala* 渦蟲：圖 30，消化道的結構，以及中樞神經系統的分布；a、b，代表發生重建的區域；圖 31-33，重建各階段；圖 34，早期階段的側視圖。

━━━ 圖 3.10

圖 30-34，出自柴爾德，《生物體中的個體性》。芝加哥：芝加哥大學出版社，1915 年。

他想要利用大量實驗，來了解這些主導力量的本質與範圍。他宣稱，自己的目標是把對於主導胚胎學研究的結構的理解，與對於變化的動力學的理解結合起來，變化動力學一開始主要是被視為生理學的主題。生物具有結構與功能，該是時候把兩者結合在一起，來理解形塑與保留生物個體性的變動因子。這本小書展現他的想法，他持續發展這些想法，並在之後的 1941 年出版的《發育的模式與問題》（*Patterns and Problems of Development*）有更詳細的闡述。

到了二十世紀中葉的再生

　　二十世紀開頭二十年研究再生的人當中，我們特別關注三位美國人，他們展現出一種互相溝通並交流想法的研究者社群。他們都是關於「生命是什麼」這場爭論的中心人物，追問生命的組成單元是什麼，以及生命如何發育。生物個體是一種複雜的系統，是什麼因素使個體及其部分維持完整並且功能正常，就算遭遇某種受傷、損害或失靈的干擾？在 1920 年代，再生是熱門的話題，之後從發育生物學的中心位置逐漸淡出。以系統為基礎的思維仍然是焦點，摩根、洛布及柴爾德曾經以不同方式欣然採納這種思維。

　　這三人把生物想像成是一種系統，由交互作用的各部分組成，他們把再生想像成是前述系統透過某種調節達成的過程。這些科學家想讓其他人來檢驗自己提出的關於再生如何運作的想法（摩根、柴爾德），或者想把生物學變成一門量化科學（洛布）。到了 1920 年代，他們明確提出組織化生物個體的概念，個體會對內部刺激做出反應，也會對環境有所回應。必定有某種形式的張力（摩根）、向性（洛布）與梯度（柴爾德）牽涉在內，而發育生物學、神經生物學、生態學，以及其他生物學領域也清楚表達出這種想法並廣泛接受。

但是，摩根、洛布、柴爾德提出自己的主張之後的數十年，科學社群未能跟進檢驗這些檯面上的解釋，也沒有產生新的解釋，而且發育生物學家很少採用量化分析。數十年後，沃爾珀特（Lewis Wolpert）在 1991 年承認，儘管早期有摩根、洛布與柴爾德的傑出成果，「到了 1950 年代，對於梯度的理解幾乎毫無進展。沒什麼明確發展的模型或機制存在，而且顯然缺乏量化分析。」[32]

實際情況卻是，那些持續探討生物個體再生的研究者，也傾向於遵循以形態與描述為重的傳統。他們想找出能夠進行再生的細胞的特定位置。生物學家李弗西吉（Richard Liversage）經過一番思索後認為，蠑螈（有尾目）等兩生類的再生研究，一如預期地指向更早之前邦納或斯帕蘭札尼提出的類似想法，也就是再生受到某種「形成物質」指引。到了二十世紀中期，他們為了找出生物體裡頭特別有效率、能夠產生細胞與修復受損細胞的區域，因此幫形成物質取了一個聽起來更科學的名稱，叫做芽體（blastema）。[33] 發育生物學家的做法像是，他們就是需要確定這些特別活躍的區域，於是更頻繁去觀察和分析，最終會以某種方式得到再生的解釋。沃爾珀特不同意這麼局限的途徑，也有愈來愈多人不贊成。

這種非常形態學的途徑是大部分生物再生研究的特色，這些研究包括了希望找到治療二次大戰受傷軍人的方法而掀起的一股新熱潮。要是研究人員發現能讓受傷生物修復傷口的東西，就有可能把這些資訊應用於修復人類傷口。耶魯大學的胚胎學家哈里森（Ross Granville Harrison）在 1947 年發表的最後一篇論文就做了這種嘗試。他切除部分神經板，然後觀察到有細胞往該處移動去修復傷口的現象：這些細胞是從哪裡來的，它們是原先已經存在、然後移動到附近的細胞，還是最近衍生的細胞？即使他利用蠟模型觀察內部變化，他的途徑仍屬於形態學與描述式的。[34] 雖然應用成功的希望很大，但現實仍落後目標一截。

如同沃爾珀特提到的，這些研究者沒有針對任何事物進行量化測量，這也會是讓洛布遺憾的事情。他們沒有透過辨識出運動模式或產生預測的方式，把自己觀察到的結果發展成模型。他們除了辨認出參與的細胞以外，沒有試圖尋找再生的原因，也沒有想要針對是什麼啟動和指導再生過程找出一套說法。他們沒有提出機制來解釋，為什麼有些細胞、組織、器官能夠再生，而有些細胞、組織、器官不能。只有在生物學結合了遺傳學和演化學途徑，加上與發育和再生有關的計算機科學途徑、模型以及更清晰的系統概念之後，研究生物個體再生的途徑才產生改變。這需要數十年的時間，直到二十世紀末，研究者才能運用新穎的實驗與詮釋方法，回過頭來探討早期的問題。

2020年，劍橋大學發育生物學家澤尼克－格茨（Zernicka-Goetz）與英國科學作家海菲德（Roger Highfield）在《生命之舞》（The Dance of Life）這本書中，特別述說關於一顆胚胎早期發育階段的前仆後繼研究。這類研究的焦點仍是生物個體，但是現在把細胞更明確看做一種生命系統，而胚胎是細胞聚集起來形成的複雜生命系統。兩位作者指出數十年來推論細胞如何自我組織成胚胎的假設，並說明當前的實驗室研究，還有模型和比較，是如何迫使假設發生改變。

有意思的是，澤尼克－格茨的研究展示了新奇而多樣的方式，讓胚胎能夠歷經傷害與缺失後重生。她對複雜的生命之舞的敘述，聽起來很像洛布的論調：「這種舞蹈現在只能觀賞而不能操縱，最顯而易見的是細胞的集體遷移。」[35] 她似乎覺得自己就要能夠進行那種操縱了，比洛布更加接近。

澤尼克－格茨採取的途徑涉及訊息傳遞，這運用到類似於摩根的張力或柴爾德的梯度的因子。生物體內的物理化學訊息與特定細胞交互作用，刺激細胞產生反應並開始改變。這種發育過程導致細胞之間出現差異，進而讓不同細胞構成的個別部分組織成整個生物體。如同摩根、洛布及柴爾德的體認，發育必定涉及自我組織，受生物內部的因子驅動。她展示了發育中生物的各部分如何交互作用成一個複雜的系統，使再生可能發生並發揮作用。

哈佛大學的生物學家許維斯特維（Mansi Srivastava）和其他人的研究進一步探索包含細胞、訊息傳遞、位置效應的複雜系統。他們廣泛比較和調查演化適應的情形，來解釋無腸目（Acoela）這群微小無脊椎動物的「全身再生的調節全貌」。[36] 發育與演化連結之後，也引發了環境因子影響過往適應的問題，並為我們帶來貫穿生命系統尺度的另類觀點。再生研究變得更普遍跨越生命系統的各種尺度，隨著二十世紀的進展，以及即將進入二十一世紀之際，這種情形明顯與日俱增。

第 **4** 章

生命系統與不同尺度

　　所有生命系統都具備某種能耐，遇到損害時可以產生反應，受傷時可以治療自己。理解不同系統如何做到這一點，對我們想長期生存於地球上至關重要，這也需要理解再生如何作用，以及理解為了讓再生發生得恰到好處，哪些環節、關係與邏輯是必需的。每一天，都有人因為意外或暴力而受傷，或者由於疾病而退化。每一天，地球上的生態系都遭受破壞。如同洛布體認到的，從重新設計自我與環境，到接下來著手修復傷害，這些將會讓我們獲益良多。

　　正如我們看到的，科學家已經展開行動，努力了很長一段時間進行研究，理解與利用再生讓受傷的生命系統得到修復。但重要的是，我們缺乏把再生視為所有生命系統的現象的觀點。我們缺乏對於再生邏輯的理解，這種邏輯可以把從某種尺度（像是蠑螈尾巴或神經元）學到的知識，轉移並轉譯到像是其他尺度（例如生態系）的生命系統。每個尺度的再生遵循各自的一套規則，如同前一章當中，摩根、洛布、柴爾德所追尋的目標。更宏觀的問題是，如何盡量找出個別尺度的規則的共同點，也就是發現一套共同的再生邏輯。沒有這種知識與可轉移性，雖然科學家仍會持續進行研究並得到一些進展，但是我們無法獲得目前需要的突破，來療癒創傷累累的人體和生態系。所以，我們的思維是如何從摩根、洛布、柴爾德發展出來的，以系統為基礎的再生概念，變成今天提倡的，以涵蓋一切且橫向跨越生命系統為基礎的探討再生途徑？

在前面的章節裡，我們看到再生思維怎樣隨著時間演變。我們從亞里斯多德的觀點，亦即再生是物質不停變動的更大世界觀的一部分，到啟蒙時代把再生與生成的理解連在一起，再連結到生機論與唯物論之爭，以及先成說與後成說之爭。十九世紀初，再生受到實驗主義的約束，而且被認為本身就是一種現象，雖然仍是生成過程的研究。摩根、洛布、柴爾德開始把生物想像成一種系統，系統中的各個部分會交互作用，以便透過某種方式適應變動的環境。然而，對於支配這些系統裡的各部分如何交互作用的通則，仍然沒有更深入的理解。

第二次世界大戰之後，情形開始逐漸改變，到了二十世紀末開始出現成果。奠基於 DNA 的遺傳學、「演化綜論」（evolutionary synthesis）運動中的演化學（這場運動把原本分開的觀念綜合起來）、生命可能最好以系統為基礎的思維來理解的延伸概念，這三者匯集在一起，促成跨越生物學不同專業領域的新途徑。系統的各種定義出現了，有一些著重於資訊的組織化集合，甚至與組成系統的各部分的數學建模有關。這些針對系統的各種思考方式，在二十世紀不同時期和不同脈絡下得到進展，甚至導致所謂的系統生物學途徑，強調系統與組件的模型建立和量化分析。我們在這本書採取歷史學的途徑，聚焦於生物學家對於生物單元的理解如何與時俱進，並提倡把系統理解成一組單元，這些單元以協調的方式交互作用。在生物學與醫學，最早用來指器官與功能系統，例如神經系統或生殖系統。

　　到了二十世紀中葉產生了變化，即研究者如何研究生物系統的方式。遺傳學家賈克柏（François Jacob）在 1974 年提到：「生物學研究的目標，全都變成由系統組成的系統。」植物學家特雷瓦維斯（Anthony Trewavas）指出賈克柏的觀察，也說明了早期對於生物系統的其他想法，雖然他認為那些思想應當發展得更加完全。[1] 他主張，植物學需要的是，為複雜系統建立計算模型的更強大能力，而計算模型的建立有賴於理解系統單元之間關係的本質，或者提出相關的假說。

然而，就連美國國家衛生研究院也在 2020 年承認，雖然這項目標可嘉，但不容易實現，因為涉及許多步驟。在國家衛生研究院，國家過敏與傳染病研究所當時的所長佛奇（Anthony Fauci）與科學主管祖恩（Kathy Zoon）把資源投入於「擁抱實驗與計算科技，探索繁複絢麗的連結。」記者萬傑克（Christopher Wanjek）在提到國家衛生研究院這種理解免疫系統的途徑時，說要「從建立計算模型開始」。這需要把不同來源的資訊匯集、編譯、使之相容，然後計算。這要計算什麼？舉例來說，計算細胞互相溝通過程中的步驟，這種過程稱為細胞訊息傳遞路徑。然後添加「一份豐盛的蛋白質體學」，因為增加細胞作用會產生哪些蛋白質的資訊很重要。「與基因體學混合均勻」，以及「喔，對了，還要加上免疫學」。然後，「現在，全部一起來吧」，如此產生的模型能夠理解和預測複雜的疫苗接種過程，把基因網路與適應反應的交集結合起來。這就是國家衛生研究院的目標：理解複雜生命系統的所有環節與過程。這些工作仍持續進行，但還沒出現完全清晰的模型，無法說服所有人採用，但是我們發現一種清楚的解釋可以說明系統途徑，這種途徑是用來理解複雜問題的，需要把不同途徑產生的各種資訊，以及理解複雜適應系統的各環節匯集在一起。[2] 以系統為基礎的理解再生途徑需要同樣的途徑，也就是把各環節整理出來，然後結合在一起。

如同我們已經說過，歷史上對於再生的理解是從生物個體的尺度開始。系統可能會經歷到受傷或損壞，然後產生反應。一些情形中，系統的反應是受影響部位會進行再生。還有一些情形中，傷口無法癒合、遭破壞的部位不能再生，甚至生物可能會死亡。交互作用的整體似乎指導著各部分的調節，雖然不太按照杜里舒在詮釋調節時提出的特殊生機論方式，我們反而是透過杜里舒嘗試解釋的方式，知道整體裡的相關連部位有交互作用。

1950 年代與 1960 年代，莫諾（Jacques Monod）、賈克柏、戴維森（Eric Davidson）、布里頓（Roy John Britten）等科學家，開始用遺傳學的語言，建立生物系統如何運作的邏輯模型。這些科學家提出解釋和預測的模型，並且把生物理解為各部分有交互作用的系統。莫諾與賈克柏在稱為乳糖操縱組的模型中，解釋單細胞原核生物如何處理乳糖。另一種模型，則是戴維森和布里頓利用海膽的發育，來展示多細胞生物發育過程中的生長與分化情形，並預測所需的基因種類。[3] 到了二十世紀末，系統生物學途徑從計算機科學的方法來模擬和表達生命的規則與邏輯，成為科學的基礎。我們的同事勞比荷勒（Manfred Laubichler）與梅恩沙茵曾到加州的帕沙第納，坐在戴維森家的戶外陽台和他反覆討論，這些討論內容佐證了上述觀點。戴維森對梅恩沙茵開玩笑說，摩根、柴爾德，甚至是洛布那些「老胚胎學家」的途徑「僅僅

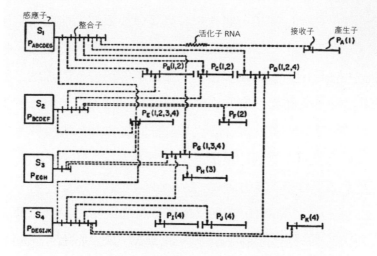

圖 2　這幅圖解想要表示各組基因之間的重疊情形，並根據模型顯示基因轉錄的可能控制方式。虛線象徵活化子 RNA 從合成位置（也就是整合子基因）到達接收子基因的擴散作用。括號裡的數字代表該產生子基因受到哪些感應子基因的控制。每一個感應子上，都列出它活化的一組產生子基因。實際上，許多組合的規模都比這裡列出的要大得多，有些基因參與了上百個組合。

━━━━ 圖 4.1

圖 2，出自布里頓（Roy J. Britten）與戴維森（Eric H. Davidson），〈高等細胞的基因調節：一種理論〉（Gene Regulation for Higher Cells: A Theory），《科學》（Science）165 (1969):349-57。經美國科學促進會（AAAS）同意後重製。

只是現象學途徑」，因為他們沒能產生模型，無法提供解釋或預測能力。他指出，他們也不能運用自己掌握的資訊做到控制，雖然這是洛布的熱切期盼。戴維森與布里頓為發育調節建立模型的概念，對於把再生設想成系統層級的調節過程非常關鍵，戴維森在 1969 年提出模型（圖 4.1）之後，花了數十年的時間累積數據，來澈底調整和檢驗自己的模型，直到 2015 年過世為止。

近幾十年來，除了基因調節網路，發育生物學家也認識到表觀遺傳學網路與跨細胞訊息傳遞的重要性。最簡單來說，表觀遺傳學遵循亞里斯多德的重要想法，強調發育會隨著時間逐漸展開，由於生物個體會依循內部因素，也會對環境產生反應。表觀遺傳學是生物學的一個領域，出現於 2000 年代初，指不是根據深藏於 DNA 的變化而產生的可遺傳變化。持續有許多研究闡明遺傳在 DNA 以外的運作方式，這些工作提醒那些研究發育的人，要注意細胞的所有構造、細胞交互作用的方式，以及最後形成的整體的本質。我們有一個正在發育的系統，系統中的各部分含有 DNA、細胞，以及細胞交互作用。系統遵循的規則超越了遺傳學，研究人員仍在努力發掘。這種理解發育的創新途徑很令人興奮，也應該是摩根、柴爾德、洛布可以接受的方法。

渦蟲是為摩根、柴爾德、洛布再生研究做牛做馬的主力，但是在接下來的數十年期間，基本上被多數人擱在一旁。然而,處理發育問題的新方法把這群扁形動物帶回舞臺中心,因為在調節過程,以及發育和再生系統層級的理解上,渦蟲提供了有價值的見解。斯托瓦斯醫學研究所(Stowers Institute for Medical Research)的桑切斯・阿爾瓦拉多(Alejandro Sánchez Alvarado)是這類研究的領先者,建立了一個很出色的例子,示範如何以歷史上的研究為基礎,在今天進行一流的科學研究。[4] 桑切斯・阿爾瓦拉多明白表示自己從摩根、柴爾德、洛布等前輩感受的恩情。不過,儘管他們沒有人探究發育和再生的遺傳學基礎,也沒有人把演化思維納入,桑切斯・阿爾瓦拉多卻把這兩種思想透過「演化發育生物學」(Evo Devo)加進來。

桑切斯・阿爾瓦拉多運用先進技術來觀察與蒐集數據,就像摩根、柴爾德、洛布所做的,還多加了對細胞的實驗操作,並拍下細胞如何回應變化的顯微影像。他辨認出這些能夠再生的細胞,就是稱為幹細胞的特化細胞,幹細胞是未分化的細胞,會根據系統需求而有所反應。他的系統包含基因、細胞、生物體內基因發出的訊號、細胞之間的訊號,還有針對以個別細胞和整個生物為環境所產生的反應。他運用自己的途徑,廣泛研究這些現在很熟悉的渦蟲,提供關於發育以及牠們如何應對傷害的基本科學知識。用他的話來說,因為「我們的基因體中都藏著一點『渦蟲』」,這些扁形動物如何調節特定基因的知識,也告訴我們人類身上發生了什麼事情。而這些還回過頭來建議把知識應用於人類醫學的方法,或者設計與控制生命的方法,如同洛布想像的那樣(https://www.stowers.org/faculty/s%C3%A1nchez-lab)。 如同桑切斯‧阿爾瓦拉多說的「研究新生物,解決老問題」,意思是理解像再生這樣的現象,需要廣泛觀察它如何跨越生命系統表現與運作。[5]

搜查各種生命系統,找出通往再生基礎的管道,不一定要局限在檢視跨生物的過程,而是可以容納更大尺度的過程。想進一步理解為什麼某些部位而非其他部位會再生,以及想更仔細解釋它們怎麼進行再生,研究者也更密切觀察位於整個生物體內更小的系統,例如幹細胞、神經系統及生殖細胞。

1998 年,有兩條研究路線都導向人類胚胎幹細胞的研究。在威斯康辛大學從事研究的湯姆森(James Thomson)報告分離與培養出人類胚胎幹細胞的首例,大約同時,約翰霍普金斯大學的吉爾哈特(John Gearhart)宣布從人類胎兒的生殖細胞得到類似成果。他們解釋,我們有可能操縱幹細胞變成具有醫學用途的各種細胞,像是肌細胞、胰臟細胞、神經細胞等。這暗示透過洛布希望的控制發育,可以實現一種極度令人興奮的再生。

然而,幹細胞這個名詞,及其擁有的再生潛力,基本上從 1950 年代起,就以目前的意義通行至今。起初,研究者注意到有些被歸為造血細胞的細胞，雖然還沒分化完全，卻有變成血球細胞的能力。有一種概念認為，有些存在於身體的細胞，或者甚至生命後面過程才產生的細胞，並沒有分化成特定細胞，而這引發了一連串問題，這種情形多常發生，以及何時、如何、為何發生。整個 1960 年代和 1970 年代，發育生物學家努力研究小鼠胚胎，想找出哪些細胞尚未分化，並想知道它們還保留多少彈性。然而，控制或調節分化過程的機制此時依然模糊不清。[6]

　　二十世紀的後半葉，區別不同分化程度的幹細胞分類學出現了。全潛能幹細胞（totipotent stem cell）是指在正確條件下，受到正確方式調節，能夠變成完整生物體的細胞。杜里舒在 1891 年已經指出，他實驗中各自都能變成小型完整長腕幼蟲的那兩個海膽細胞是全潛能的細胞。富潛能幹細胞（pluripotent stem cell）具有變成任何一種細胞的潛能，但是不能變成所有細胞。換句話說，它們仍具有很大的彈性，可是任何一顆富潛能幹細胞都無法變成完整生物。它們是否能變成好比說心臟細胞或神經細胞，則依賴所處的環境，以及作用於細胞裡或細胞上的因子。多潛能細胞（multipotent cell）的能力更有限，只能變成幾種細胞的其中一種，但不是任何一種；舉例來說，它們也許有潛能變成這種或那種神經細胞，但不能變成心臟細胞或腎臟細胞。單潛能細胞（unipotent cell）就如名稱聽起來的那樣，它們還沒分化，但是當條件對了，就能變成特定某種細胞。這些不同種類的幹細胞顯示，每一個細胞有其獨特的能力，會實現自己的潛能變成特定種類的細胞，以回應周遭的條件。每一個細胞是更大的網路系統中的一部分，而系統可以幫助調控每一部分發生的事情。

當第一次成功培養人類胚胎幹細胞的新聞在 1998 年突然出現，研究帶來的前景掀起一陣歡欣鼓舞的氣氛，因為這暗示研究人員終於快要實現洛布設計生命的目標。有些人嚇壞了，他們拒絕使用來自胚胎的幹細胞，因為這樣必定涉及殺死胚胎的行為。關於政策、實施方式與個人選擇，都引發巨大的爭議。記者韋德（Nicholas Wade）在《紐約時報》上有一篇文章介紹這項科學，並提到會造成倫理問題。[7] 由於細胞可以在實驗室培養於玻璃皿當中，攝取不同養分（也就是培養基），應該會產生不同種類的細胞，其實我們的樣子就是（至少部分是）由我們吃進去的東西決定的。有了更多知識，科學家應該可以從胚胎未分化的富潛能幹細胞，製造出任何種類的細胞。

加州展開一項重大研究計畫，想發展執行再生醫學的方法，於是成立加州再生醫學研究所（California Institute for Regenerative Medicine，簡稱 CIRM）。1998 年以前，「再生醫學」就是指控制再生的可能性與一點一滴的各種嘗試，像是用骨髓裡的造血幹細胞治療白血病，除此之外，這個名詞沒有任何特別的意義。1998 年以後，「再生醫學」有了自己的生命。雖然早期的努力集中在使用胚胎幹細胞，但在政治與實務的壓力下，迫使研究者逐漸也使用成人幹細胞。事實上，他們發現成人幹細胞的數量與多樣性比原先以為的還要多。此外，後來發現透過調節基因，好比說加入能夠產生不同蛋白質的新基因，有可能讓成人細胞再程式化，變成幹細胞。

關於幹細胞如何運用於再生醫學，有一個特別強大的例子，就是 X 性聯嚴重複合免疫不全症（X-linked severe combined immunodeficiency，簡稱 X-SCID）。X-SCID 是一種免疫系統的遺傳疾病，幾乎只發生在男性身上。X-SCID 是由於某個基因發生一處突變造成的，這種基因在正常情形下製造出來的蛋白質，是生長與免疫系統成熟必需的。患有 X-SCID 的兒童很容易反覆發生感染，如果不加以治療，通常活不過嬰兒期。自 1990 年起，科學家尋求基因療法來醫治這種疾病。2000 年，法國有一個研究小組報告第一起成功嘗試，他們編輯了導致生病的不正常基因。[8] 程序包括從病童身上收集造血幹細胞、編輯功能不正常的基因，再把編輯過的幹細胞輸回病人體內。經過一段時間後，病童身上經過編輯的幹細胞開始執行自己的工作，再生出功能正常的健康免疫系統。美國國家衛生研究院的再生醫學創新計畫（Regenerative Medicine Innovation Project）概述了這個領域不斷推陳出新的研究現況（請見 https://www.nih.gov/rmi，存取於 2020 年 8 月 11 日）。

這些造血幹細胞的基因編輯，被譽為再生醫學領域幹細胞與基因療法的「里程碑」和「原理驗證」。然而，這種治療成功修復免疫系統才短短兩年後，兩位接受治療的病人卻由於基因療法導致罹患白血病。[9] 基因療法怎麼會造成白血病，確切的機制仍然未知，但是幹細胞的本質卻受到牽連而蒙上陰影。這個例子讓我們暫停下來，反思我們對於幹細胞等生命系統的理解，以及再生過程中，系統的每一個部分如何與其他部分交互作用。

讓我們回顧幹細胞發明的更早以前，科學家從二十世紀之交就一直努力想要理解神經系統之內的再生，雖然這個領域的研究在第一次世界大戰期間才真正開始。例如，拉蒙·伊·卡哈爾（Santiago Ramón y Cajal）是最早支持神經元理論的人，也持續觀察神經細胞的再生，他在 1928 年就出版了《神經系統的退化與再生》（*Degeneration and Regeneration of the Nervous System*）一書。他採取的研究途徑，與摩根、洛布、柴爾德很接近，把焦點放在生物個體，以及該個體中一群群形成網路的細胞所產成的整套功能。系統的概念很類似，亦即一個系統可以維持功能，也可以遭受傷害或破壞。可是，拉蒙·伊·卡哈爾和那個時代的人，不像現今再生醫學領域的重要學者，有基因資訊、演化論述、計算科技工具可用。[10]

　　神經系統再生的研究持續了整個二十世紀，然而臨床應用方面的進展微乎其微。因此應用胚胎幹細胞的前景立即振奮了一些人，像是脊髓損傷的患者、罹患帕金森氏症等疾病而神經細胞退化的病人，或者其他使神經細胞喪失的病例，例如阿茲海默症病人。遭遇嚴重脊髓損傷的「超人」克里斯多夫・李維（Christopher Reeve），以及診斷出帕金森氏症的演員米高・福克斯（Michael J. Fox），都成為這項可能治療許多人的研究的代言人與提倡者。

　　幹細胞研究與應用帶來一片興奮之情，在這種背景下，生物學家開始運用各種方式進行更仔細的研究，而且不止針對我們可能用幹細胞做哪些醫療應用。他們也想知道，我們可以從好比說無頜類的七鰓鰻或其他動物的自然再生過程學到什麼。這些動物受到傷害或損壞時，能做些什麼來讓系統恢復功能？我們能透過添加細胞或操縱細胞，讓動物做到哪些事？支配再生的規則集合或者邏輯是什麼？

　　我們的下一個例子是關於生殖細胞系，也就是身體裡生殖細胞的集合（包括精子和卵），這些細胞讓行有性生殖的物種產生後代。這些細胞一直是運用再生醫學修正遺傳問題的概念，以及設計生命的概念的焦點。正常情況下，生殖細胞會待在人體內，除非它們很快要派上用場，這些細胞因為實驗或臨床目的給取出體外後活不了多久。這對進行放射療法的癌症病人而言是個問題，由於輻射會傷害或殺死生殖細胞，並讓病人將來無法產生這些細胞。數十年來，病人藉助冷凍保存技術把生殖細胞冰起來保存，未來再透過人工生殖技術使用。最近，科學家開始培養這些病患的其他類型的細胞，例如皮膚細胞，希望可以改造成有活力的生殖細胞，也能使用於人工生殖技術，或甚至幫忙那些生殖細胞系遭受破壞的病人，讓他們的生殖能力完全再生回來。[11] 這種創造生殖細胞的實驗在小鼠身上非常成功，最近已經擴展到人類身上，包括在實驗室的試管中進行（in vitro），以及在病人活體上進行（in vivo），想弄清楚如何誘導受損的女性卵巢與男性睪丸再生成生殖細胞。[12]

自從十九世紀晚期魏斯曼的研究以來，生殖細胞就被認為與身上的其餘細胞（也稱為體細胞）是分開的，而且與周遭環境的影響隔絕開來。魏斯曼極具說服力，因此讓現今的多數生物學家不假思索就一再重複說他的假設，生殖細胞和體細胞是分開且不同的，體細胞一旦形成之後，便不能變成生殖細胞的一份子。[13] 這成為一種信念，生殖細胞一旦消失即無法再生，因為根據魏斯曼廣為人知的主張，體細胞不能產生新的生殖細胞。於是，政策制訂者認定生殖細胞有獨一無二的地位，並且做出決定，比如允許體細胞在受到控制的條件下進行基因工程，但是禁止生殖細胞進行改造。

海洋生物實驗室的科學家厄茲波拉特（Duygu Özpolat）

的研究卻得到不同的結論。她的實驗室研究主題正是生殖細胞的再生，這種現象被認為如果沒有實驗干預是不可能發生的，就像前面提到的研究（https://www.mbl.edu/bell/current-faculty/duygu-ozpolat/，存取於 2020 年 8 月 22 日）。她已經發現，海洋環節動物（例如 *Pristina leidyi*，一種吻盲蟲）處於飢餓等壓力條件下，生殖細胞會萎縮，以後會自然再生回來。[14] 事實上，後生動物常常可見到生殖細胞的再生，方式包括把體細胞轉變成生殖細胞。[15] 有證據顯示生殖細胞再生的情形非常廣泛，這讓厄茲波拉特與包括麥蔻德在內的合作者想問：有哪些調節過程指導生殖細胞的身分決定與再生？了解細胞如何變成生殖細胞，以及它們有何種再生能力，將能大幅說明系統如何進行再生，甚至在細胞個別構造發生改變的情況下如何維持功能。

最近有許多關於生物再生的研究，這些只是其中幾例。另外的研究則關注於生物本身以外的生命系統尺度。特別是生態系和微生物群落，它們包含來自不同物種的許多個體，以複雜的方式產生交互作用，組成有功能的整個系統。我們檢視這些系統，回過頭來提問，對於跨越不同生命系統的再生要有多大程度的理解，才能讓再生的隱藏邏輯顯現出來。我們要如何利用這套邏輯，來引導我們理解生命系統的其他尺度，乃至於整個地球作為一個系統的尺度上的系統傷害或損壞？

生態系是另一種層級的生命系統，會經歷生長、受傷、修復的週期。生態史學家選擇不同事情作為生態科學的起源，但是我們在這裡從英國植物學家坦斯利開始，很多人認為是他在 1935 年創造出「生態系」這個名詞。他有一篇概括性的文章〈植被的概念與術語的使用及濫用〉（The Use and Abuse of Vegetational Concepts and Terms）刊登於《生態學》（Ecology）期刊上，這篇文章檢視了演替、發育、顛峰、「複合生物」（complex organism）這些名詞，然後介紹到「生態系」。考爾斯（Henry Chandler Cowles）與克萊門茨從 1916 年就開始提出植物群落的演替和發育概念。克萊門茨特地發展出一種想法，認為植物群落會像生物一樣發育，而過去針對生物發育和生命週期的研究，可以作為理解連續漸進階段的指引。經過演替的不同階段，森林與其他單元發育完全，此時到達顛峰，而且在過程中變得更複雜。

　　坦斯利發現借用個體發育概念的做法有局限性。他沒有把生態學研究的單元看成生物，而是視為「擬生物體」（quasi-organism）。這些生態單元的確有許多特徵，讓克萊門茨理解為類似生物的特徵。但是，坦斯利認為，生態的生物系統並非和生物完全一樣。「沒有必要列出一串生物群集與單一動物或植物不同的地方來煩讀者，」他寫道，「這些不同點如此明顯，數量如此之多，不難理解會有人對植被是生物的主張表達異議，甚至盡情嘲笑。」坦斯利提到，即便這樣，克萊門茨堅持植物群落實際上是生物，雖然不完全是生物個體，而是由許多不同生物組成的「複合生物」。[16] 坦斯利拒絕接受這種解釋，堅稱「植物群落是生物」只是一種「比擬」的說法。

結果，斯坦利提出生態系的概念。他充分表達了我們今天對於複雜系統的想法，「一個完整的系統（物理意義上的），不只包含生物複合體，還有形成我們所說的生物圈環境的物理因子的完整複合體，也就是最廣義的棲地因子。」他也承認，人類是生態系活躍的一部分，必須納入考慮。[17] 這是一份非常清楚的聲明，說明生態系統包含一起交互作用、彼此相連的所有活生物與環境。斯坦利知道，整體沒有明確的界線，個別生物也沒有。生態系也會經歷發育階段，表現得像擬生物體，但不完全是生物個體。坦斯利把這些概念說明得非常清楚，卻沒有說服所有人。但是他的確建立起堅實的基礎，讓生態學家可以在上面建造生態系。他堅持系統的重要性，然而沒有進一步告訴我們有什麼方法能更有效地研究這種系統。

三十多年後，系統生態學家范·戴恩（George Van Dyne）在 1966 年透過橡樹嶺國家實驗室（Oak Ridge National Laboratory）提出一份報告，討論〈生態系、系統生態學及系統生態學家〉（Ecosystems, Systems Ecology, and Systems Ecologists）的交集。他在其中建議，研究系統與發展模型來進行解釋和預測，需要涉及哪些事情（圖 4.2 和圖 4.3）。他說，橡樹嶺國家實驗室保健物理部的輻射生態學組開始一項「系統生態學」計畫。這是新的領域，在生態學舊體系過得很好的人會抱以懷疑的態度，而從新途徑獲益的人則會投以支持的眼光。那麼，還有什麼新鮮事嗎？

　　系統生態學利用生態學家的成果與計算分析，來研究可再生資源的管理。就在兩年前，生態學家尤金‧奧德姆呼籲創立「新生態學」，這門科學要建立在過去研究的基礎上，

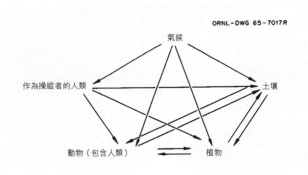

ORNL-DWG 65-7017R

氣候

作為操縱者的人類　　　　　　　　土壤

動物（包含人類）　　　　植物

圖 1　生態系是一種整合複合體，包含生物組成與非生物組成。每一組成會受到其他組成的影響，只有大氣候可能是例外。而人類對大氣候的影響，即將到達無法忽略的程度。

━━━ 圖 4.2

圖 1，出自范‧戴恩（George M. Van Dyne），〈生態系、系統生態學及系統生態學家〉（Ecosystems, Systems Ecology, and Systems Ecologists），橡樹嶺國家實驗室 1966 年的報告。

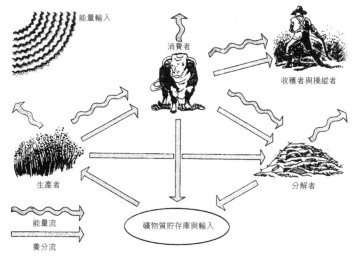

能量輸入

消費者

收穫者與操縱者

生產者

分解者

能量流

養分流

礦物質貯存庫與輸入

圖 3　人類既是生態系的旁觀者，也是加入運作的參與者。他操縱生態系，使得從生產者與初級消費者流向他的養分流和能量流最大化。他嘗試讓生產者、消費者及分解者從呼吸損失的能量最小化。

▬▬▬ 圖 4.3

圖 3，出自范·戴恩，〈生態系、系統生態學及系統生態學家〉，橡樹嶺國家實驗室 1966 年的報告。

但現在的重點是把生態系當作基礎單元來分析，如同細胞或分子被視為其他生命系統的基礎單元。生態系依賴其中各部分與各種因子之間相互溝通，加上對整個系統的調節作用。這種系統包含了不同物種構成的多樣性，所以在這方面與一個細胞或一個生物作為系統不同。奧德姆力促生態學家一起研究這些系統，運用數學，並努力發展可以解釋和預測的模型。他主張，這樣的協力合作是必要的，讓生態學知識能協助政策制訂者、資源管理者，以及科學家本身。[18]

范·戴恩強調這需要數學建模。結果將證明計算機在匯集大量各種數據是很珍貴的，他呼籲。不同領域的科學家必須合作，分享計算機能力、訓練研究生，並且產生有助於決策的知識。生態學知識對於資源的有效管理至關重要，這種論調在 1960 與 1970 年代得到進一步的重視，到了今天，在氣候變遷危及地球系統的背景下，又再度得到重視。生態系生態學家欣然接納計算機與跨學科途徑的同時，還體認到生態系會隨著發育階段生長，邁向成熟，也會經歷損失或傷害。有些情形下，這些系統因為大範圍破壞而崩潰。明顯的例子是：蟲害或大規模野火導致森林損失；過度使用殺蟲劑和殺草劑，也殺死了維持農業健康所需的微生物群落，造成土壤退化；還有水系統遭到汙染、生物群集受到衝擊等更多情形。於是系統惡化、受損，甚至可能失靈。因此，系統的各部分如何交互作用與調節健康的知識，能夠協助智慧管理與洛布所說的控制生命,來恢復生態系的健康。這就是目標。

復育生態學的努力方向是讓遭到擾亂的生態系回到健康狀態,重點在於恢復生態系的功能,而非恢復系統的所有部分。復育應該是找回一個我們認為健康的系統,因為它「作用」得如同一個功能良好的完整系統,但可能與遭受傷害的原來系統不同,此外,生態系的演化也會讓它們隨著時間而變得不一樣。如同生態學家柯林斯(James P. Collins)解釋過的,透過研究族群變化,包括特定物種的族群,以及不同物種的相對族群數量,演化學成了生態學的核心之一。他還強調,遺傳學也成了生態學的一部分。[19] 因此,研究生態系會利用到計算機工具,還有演化學、遺傳學,以及模型建立。

近幾十年來,復育生態學已經把回復力,乃至於後來的再生討論加入生態系裡。復育、回復與取代的意義雖然有些微不同,但是都有助於理解像生態系這樣的複雜系統。

傳統生態系生態學把重點放在肉眼可見的巨觀生物,例如鮭魚、櫟樹、螞蟻或囊鼠。但是,好比說細菌等微觀生物也是生命的一部分,而且研究者開始明白,它們甚至是生命不可或缺的。在農業上,土壤若沒有微生物,作物會枯萎或死亡。森林沒有微生物會凋零並死亡。像是老鼠或熊蜂等許多動物,如果在沒有微生物的環境下長大,會變得體重較輕、容易受病原感染,死亡率也會提高。認識到微生物是必要的，它們並不是討厭的入侵者，這代表我們對微生物的態度有劇烈的轉變：二十世紀逐漸形成一種理解，微生物並非都是不好的，它們不全是會造成疾病的病原，也不是過去巴斯德（Louis Pasteur）、柯霍（Robert Koch）或細菌致病論（germ theory）想要消滅的對象。我們發現，事實上，「微生物世界可說是生物圈的維生系統，」如同最近《自然》期刊一篇共同聲明所說的。[20]

這種轉變中的觀點，促使我們尋找讓微生物再生的方法。我們怎麼確定所有生命系統需要的微生物會持續順利地再生？首先，問題是：哪些特定的微生物可以維護系統的健康狀態？但是研究逐漸認為，我們需要集中焦點在於理解微生物群落。這進而暗示，理解微生物再生的關鍵，在於理解控制微生物群落如何隨著時間發展和應對傷害的生態學與演化學。

雖然我們能夠利用傳統的生態學和演化學理論，但是近來的研究也顯示，理解微生物群落需要發展新方法來思考系統與系統的改變。例如，杜利特爾（W. Ford Doolittle）與殷克朋（S. Andrew Inkpen）在他們的「重點是歌，不是歌手」（It's the Song, Not the Singer）理論主張，我們應該更加關注群落功能本身隨著時間演變的情形，以及這些「歌曲」才是天擇演化的單位，而非表演歌曲的「歌手」（微生物本身）。[21] 微生物在做些什麼，或者更精確地問，彼此交互作用的微生物所組成的群落在做些什麼？這種思考需要生態學家呼籲的系統途徑，並揭示一套指導再生過程的規則。

生命系統需要微生物群落，無論這個生態系統是一片森林或一塊農田，還是依賴微生物幫忙消化或進行其他功能的一隻動物或一棵植物。雷德伯格（Joshua Lederberg）在 2001 年提到「微生物群系」，這件事通常被其他學者引用為這個概念的起點，但是其實還可以回溯到更早以前。然而，關於微生物群系是許多不同種類的微生物，加上讓這些微生物棲息於其中以協助消化等功能的生物組成的綜合系統，這種概念無疑是較近期才發展出來的。[22]

微生物群落是會生長、發育與演化的生命系統。它們也會經歷傷害，比如腸道微生物群系遭受大量抗生素的攻擊時，抗生素會摧毀腸道裡的生物相。當「益生菌」讓這個微生物群落重新拓殖，就發生某種形式的取代或再生。這不可能產生完全相同的群落，不可能有完全相同的物種。但是它能夠「唱歌」，這樣就行得通了。再生可以恢復功能與整個系統。這也不只是個別動物或植物的問題，而是所有生命尺度都會遇到的問題，包括大到整個生物圈的尺度。傳染病專家布雷瑟（Martin Blaser）認為，醫學和工業化農業濫用抗生素的情形，已經帶來意想不到的後果，改變了全球環境中的各種微生物群落，不利於當前世界許多生物系統的長期健康。[23] 想達到永續，需要理解健康微生物族群的再生。把再生想成生命系統之內與遍及所有生命系統的一種現象，最終目標是產生可在不同尺度的生命系統之間轉移與轉譯的知識，以促進我們的身體、我們的生態系，乃至於我們的地球的健康。這種以系統為基礎的途徑，對系統之內與跨越系統的再生有深入理解，蘊含了巨大的希望。為了實現希望，我們需要做些什麼？

我們需要解析出再生的邏輯，這要先理解指導再生過程的各套規則，也需要發展可以讓知識轉譯到不同尺度的生命系統的模型，還要發展幫助我們理解尺度之內與跨尺度如何互相連結的工具。為了達到這一步，我們需要更清楚了解應該加入哪些種類的變數、這些參數如何測量、如何聚合數據，以及如何歸納描述以做出解釋與預測。我們需要跨學科的視野來達到這一點，並依賴歷史與哲學的指引。到目前為止，我們有幾個類似戴維森提出的可轉譯模型，它們可能適用於所有尺度的生命系統。然而，戴維森模型的細節，來自於針對海膽的數十年縝密研究。我們目前已經有了幾個生態系模型，也集思廣益討論應該把哪些因子納入模型作為相關變數。好比說，有一些生態系生態學家不考慮人類，或者只把人類當作生物單元，而忽略人類身兼社會行動者的角色。我們想要做到像洛布設想的控制生命，還有很長的一段路要走。

想要實現如同洛布所想的那樣控制生命，並以健康為目標重新設計我們的身體和地球，還需要理解生命系統的局限之處。有些系統因嚴重受損而失靈。許多人以相當激烈且愈來愈急迫的態度呼籲，地球系統在人類世面臨故障失靈的危險，主宰人類世這個時代的人類常常表現得不明智。我們得到氣候變遷的結果，卻對複雜的自然與社會偶合的系統沒有充分了解，不知道如何設計解決方案。洛布想像的那種控制與設計生命的能力，或許已經有實現的例子，只是我們不真正清楚自己在做些什麼。或許在某些情形下，我們其實正在進一步危害地球。太多抗生素，讓人更難從生病痊癒。太多殺蟲劑或殺草劑，可能破壞土壤的肥沃度。人類長期以來為了撲滅森林自然火災的干預，反而導致太多野火，讓森林變成了無生機的一片焦土，而且到了難以復原的地步。想要真正理解如何利用再生來治癒我們的身體和地球，我們需要知道一個系統在崩潰之前能承受多大的負荷，以及若是系統崩潰了該怎麼辦。系統崩潰不一定代表死亡；如果人類的脊髓沒有再生，這個人不會死亡。如果生態系或微生物群落失去某些組成後，沒有其他微生物來取代並恢復功能，這些系統也不一定會死亡。系統可以繼續存在，只是狀態有所改變。我們需要更加了解，受到波及的系統若要再生與復育，會涉及到哪些過程。

　　這一切需要科學家到哲學家，計算建模專家跨越學科合作，付出全心全意的努力。我們不可能只依賴一門學科或者一項倡議來解決這個問題，我們需要共同努力，朝向得到普遍且可行的再生理念邁進。我們需要明智讀者的協助，一起思考如何理解再生，以及如何善用這些知識。

∽

致謝

若不是費茲派翠克鼓勵我們用不同方式思考，特別是可以在海洋生物實驗室（Marine Biological Laboratory，以下簡稱 MBL）的環境下進行，我們不會開啟這項計畫。MBL 是規模較小的研究與教育機構，專注於三項傳統核心領域：神經生物學與細胞學、微生物演化學、生態系生態學，並以此著稱。我們這些人通常只待在其中一個領域，所以費茲派翠克問我們是否能找到彼此的共同點。我們能夠找出跨越生物學各個子學門與專業的研究方式嗎？

詹姆斯・麥克唐納基金會提供了補助款，費茲派翠克自 2016 年起擔任該基金會的執行長。當時 MBL 的所長威勒德（Hunt Willard）與梅恩沙茵擬出計畫大綱，並請麥蔻德加入，擔任計畫管理師。當我們把焦點訂為再生時，麥蔻德成為後續補助計畫的共同主持人。MBL 的現任所長帕特爾（Nipam Patel）與研究主任韋爾奇（David Mark Welch）一直熱情支持這項計畫。有幾位 MBL 研究人員參與研習會並身兼工作小組的成員，尤金・貝爾再生生物學與組織工程學中心（Eugene Bell Center for Regenerative Biology and Tissue Engineering）的主任珍妮佛・摩根（Jennifer Morgan）就是我們神經生物學工作小組的組長。在 MBL 舉行的多次討論激發出新建議，特別是在 COVID 疫情之前，我們還能夠面對面隨意聚會的時候。如同 MBL 發展部主任說的，研究再生正是那種跨領域計畫，顯示了 MBL 這樣的機構，由於規模、人員互動的方式、研究與教育並重的使命，能夠讓計畫實現。

其中一項研究與教育活動，是每年舉辦的生物學歷史研討會，由亞利桑那州立大學透過生物與社會中心和 MBL 合作的非正式教育計畫出資。這項研討會是由梅恩沙茵、畢堤（John Beatty，在英屬哥倫比亞大學）、柯林斯（在亞利桑那州立大學）以及馬特林（Karl Matlin，在芝加哥大學與MBL）共同策劃，由生物與社會中心的助理主任芮尼（Jessica Ranney）協調進行。2018 年，我們召集一個跨國小組與 MBL 的研究人員，用一星期的時間共同探討再生問題。

我們的工作建立在 MBL 歷史計畫的經驗之上，該計畫後來成為 MBL 與生物史的數位典藏（http://history.archives.mbl.

edu）。MBL 的圖書館員沃頓（Jen Walton）和皮爾森（Matt Person）對這個計畫尤其重要，加上佛菲（John Furfey）的技術支援，以及史塔芙（Nancy Stafford）的鼓勵。

帶領工作小組的核心團隊，包括神經科學小組的瓊斯（Kathryn Maxson Jones）和珍妮佛‧摩根、幹細胞小組的拉普蘭（Lucie Laplane）和維爾沃特（Michel Vervoort）、生殖細胞系的麥蔻德和厄茲波拉特、微生物演化學的殷克朋與杜利特爾，以及生態系生態學的戴維斯（Frederick Davis）和柯林斯。這些組長定期見面、閱讀彼此的研究成果、交換想法、辯論獲得共同詮釋的最佳方式，也承認哲學家、歷史學家、生物學家思考事情的方式大不同。瓊斯幫大家協調各種事務，使我們能專注在任務上。我們得到很多樂趣，並成為活生生的證明，顯示跨越學科界線工作雖然會讓事情變多，但是絕對很值得，因為可以讓我們更深入、更清晰地思考。過程中，一開始我們當中有人會認為：「這沒有道理，我們不這麼想事情的。」現在我們會說：「喔，你的意思是這樣嗎？」會不會和我的另一種說法有同樣的意思？還有其他諸如此類的事情。

所有討論之後，接下來就是寫書了。我們在此感謝工作團隊的每一位成員，他們看稿再看稿，然後提供寶貴建議。此外，我們感激克里斯（Richard Creath）和費思麥爾（Challie Facemire）不間斷的支持。歐爾曼（Friends Eric Ullman）、勞比荷勒、沃爾利切克（Hanna Worliczek）閱讀部分或全部書稿，提供珍貴意見。還有我們在芝加哥大學出版社的編輯卡拉米亞（Joseph Calamia）從頭到尾提供了十分有幫助的建議，包括指出一般讀者會覺得看不懂或者解釋得不夠清楚的地方，而且總是用最寬厚、最正面的方式表示。這本書實際上是團隊合作的成果，如同這個小型再生探索書系即將推出的其他書籍一樣。

∞

注釋

章1

1 Paul A. Oliphint et al., "Regenerated Synapses in Lamprey Spinal Cord Are Sparse and Small even after Functional Recovery from Injury," *Journal of Comparative Neurology* 518 (2010): 2854–72.

2 Ruth Lehmann, ed., *The Immortal Germline* (New York: Elsevier, 2019); Chris Smelick and Shawn Ahmed, "Achieving Immortality in the C. elegans Germline," *Ageing Research Reviews* 4 (2005): 67–82; Francoise Baylis, *Altered Inheritance: CRISPR and the Ethics of Human Genome Editing* (Cambridge, MA: Harvard University Press, 2019).

3   Lucie Laplane, *Cancer Stem Cells: Philosophy and Therapies* (Cambridge, MA: Harvard University Press, 2016).

章 2

1   Thomas Hunt Morgan, *Regeneration* (New York: Macmillan, 1901).

2   Andrea Falcon, "Aristotle on Causality," *Stanford Encyclopedia of Philosophy* (2019, first published 2006). https://plato.stanford.edu/entries/Aristotle-causality/.

3   James Lennox, "Aristotle's Biology," *Stanford Encyclopedia of Philosophy* (2017, first published 2006). https://plato.stanford.edu/entries/aristotle-biology/.

4   Aristotle, *History of Animals*, trans. Richard Cresswell, *Aristotle's History of Animals in Ten Books* (London: George Bell and Sons, 1902), part 12, 44; Jane Maienschein, *Embryos Under the Microscope: The Diverging Meanings of Life* (Cambridge, MA: Harvard University Press, 2014), 31–35.

5   Richard J. Goss, "The Natural History (and Mystery) of Regeneration," *A History of Regeneration Research: Milestones in the Evolution of a Science*, ed. Charles E. Dinsmore (Cambridge: Cambridge University Press, 1991), 9–12.

6   Conrad Gesner, *Historiae Anima* (Zurich: Apvd Christ.

Froschovervm, 1551).

7 Paul Lawrence Farber, *Finding Order in Nature: The Naturalist Tradition from Linnaeus to E. O. Wilson* (Baltimore: Johns Hopkins University Press, 2000).

8 D. R. Newth, "New (and Better?) Parts for Old," in *New Biology*, edited by M. L. Johnson, M. Abercrombie, and G. E. Fogg, 47–48 (London: Penguin Books, 1958).

9 Shirley A. Roe, *Matter, Life, and Generation: 18th-Century Embryology and the Haller-Wolff Debate* (Cambridge: Cambridge University Press, 1981).

10 Jane Maienschein, *Whose View of Life? Embryos, Cloning, and Stem Cells* (Cambridge, MA: Harvard University Press, 2005).

11 Mary Terrall, *Catching Nature in the Act: Réaumur and the Practice of Natural History in the Eighteenth Century* (Chicago: University of Chicago Press, 2014).

12 Terrall, 47.

13 René-Antoine Ferchault de Réaumur, "Sur les Diverses Reproductions quise font dans les Ecrevisse, les Omars, les Crabes, etc. Et entr'autres surcelles de leurs Jambes et de leurs Écailles," *Memoires de l'Academie Royale des Sciences* (1712): 223–45.

14 Dorothy M. Skinner and John S. Cook, "New Limbs for Old:

Some Highlights in the History of Regeneration in Crustacea," in *A History of Regeneration Research: Milestones in the Evolution of a Science,* ed. Charles E. Dinsmore (Cambridge: Cambridge University Press, 1991), 25–45.

15 Howard M. Lenhoff and Sylvia G. Lenhoff, "Trembley's Polyps," Scientific American 258 (1988): 108.

16 Howard M. Lenhoff and Sylvia G. Lenhoff, "Abraham Trembley and the Origins of Research on Regeneration in Animals," in *A History of Regeneration Research: Milestones in the Evolution of a Science,* ed. Charles E. Dinsmore (Cambridge: Cambridge University Press, 1991), 47–66.

17 Roe, 10, quoting Trembley 1744.

18 Abraham Trembley, *Mémoirs pour servir à l'histoire d'un genre de polypes d'eau douce, à bras en forme de cornes* (Leiden: Verbeck, 1744), trans. Howard M. Lenhoff and Sylvia G. Lenhoff, *Hydra and the Birth of Experimental Biology, 1744: Abraham Trembley's Memoirs Concerning the Natural History of a Type of Freshwater Polyp with Arms Shaped Like Horns* (Pacific Grove, CA: Boxwood Press, 1986), 9.

19 Howard M. Lenhoff and Sylvia G. Lenhoff, "Abraham Trembley and the Origins of Research on Regeneration in Animals," in *A History of Regeneration Research: Milestones in*

the *Evolution of a Science*, ed. Charles E. Dinsmore (Cambridge: Cambridge University Press, 1991), 62; Howard M. Lenhoff and Sylvia G. Lenhoff, "Challenge to the Specialist: Abraham Trembley's Approach to Research on the Organism—1744 and Today," *American Zoologist* 29 (1989): 1105–17. https://www.jstor.org/stable/3883509.

20 Charles Bonnet, *Oeuvres d'histoire naturelle et de philosophie*, 18 volumes (Neuchatel: S Fauche, 1779–83).

21 Roe, 22–23.

22 Lazzaro Spallanzani, https://archive.org/stream/b30356167 ?ref=ol#mode/2up "Prodromo di un opera da imprimersi sopra la rirproduzioni animali." Modena: Giovanni Montanari (1768); trans. Matthew Maty, "An Essay on Animal Reproductions" (London: T. Becket and P. A. de Hondt, 1769).

23 Charles E. Dinsmore, "Lazzaro Spallanzani: Regeneration in Context," in *A History of Regeneration Research: Milestones in the Evolution of a Science*, ed. Charles E. Dinsmore (Cambridge: Cambridge University Press, 1991), 83.

24 Joseph A. Caron, "'Biology' in the Life Sciences: A Historiographical Contribution," *History of Science* 26 (1988): 223–68.

25 Frederick B. Churchill, "Wilhelm Roux and a Program for

Embryology" (PhD diss. Harvard University, 1967); Jane Maienschein, "The Origins of *Entwicklungsmechanik*," in Scott Gilbert, ed., *A Conceptual History of Modern Embryology* (Cambridge: Cambridge University Press, 1991a), 43–61.

26 William Morton Wheeler, "Translation of Wilhelm Roux's 'The Problems, Methods and Scope of Developmental Mechanics,'" *Biological Lectures of the Marine Biological Laboratory* (Woods Hole, 1895), 149–90.

27 Maienschein, 1991a.

28 Frederick B. Churchill, *Weismann: Development, Heredity, and Evolution* (Cambridge, MA: Harvard University Press, 2015).

29 Wilhelm Roux, "Beiträge zur Entwickelungsmechanik des Embryo. Über die künstliche Hervorbringung halber Embryonen durch Zerstörung einer der beiden ersten Furchungskugeln, sowie über die Nachentwickelung (Postgeneration) der fehlenden Körperhälfte," *Virchows Archiv für Pathologische Anatomie und Physiologie und für Klinische Medizin* 114 (1888): 113–53. Translated as "Contributions to the Development of the Embryo. On the Artificial Production of One of the First Two Blastomeres, and the Later Development (Postgeneration) of the Missing Half of the Body," in *Foundations of Experimental Embryology*, eds.

Benjamin H. Willier and Jane M. Oppenheimer (New York: Hafner Press, 1964), 2–37.

30 Hans Driesch, "Entwicklungsmechanische Studien: I. Der Werthe der beiden ersten Furchungszellen in der Echinogdermenentwicklung. Experimentelle Erzeugung von Theil-und Doppelbildungen. II. Über die Beziehungen des Lichtez zur ersten Etappe der thierischen Form- bildung," *Zeitschrift für wissenschaftliche Zoologie* 53 (1891): 160–84. Translated as "The Potency of the First Two Cleavage Cells in Echinoderm Development. Experimental Production of Partial and Double Formations," in *Foundations of Experimental Embryology*, eds. Benjamin H. Willier and Jane M. Oppenheimer (New York: Hafner Press, 1964), 38–50.

31 Driesch.

32 Frederick B. Churchill, "Regeneration, 1885–1901," in *A History of Regeneration Research: Milestones in the Evolution of a Science*, ed. Charles E. Dinsmore (Cambridge: Cambridge University Press, 1991), 113.

33 Mary E. Sunderland, "Regeneration: Thomas Hunt Morgan's Window into Development," *Journal of the History of Biology* 43 (2010): 325–61.

34 Jane Maienschein, "T. H. Morgan's Regeneration, Epigenesis,

and (W)holism," in *A History of Regeneration Research: Milestones in the Evolution of a Science,* ed. Charles E. Dinsmore (Cambridge: Cambridge University Press, 1991b), 133–49.

35 Thomas Hunt Morgan, *Regeneration* (New York: Macmillan, 1901), 278–79.

章 3

1 Jane Maienschein, *Transforming Traditions in American Biology, 1880–1915* (Baltimore: Johns Hopkins University Press, 1991c); Keith R. Benson, Jane Maienschein, and Ronald Rainger, eds. *The Expansion of American Biology* (New Brunswick, NJ: Rutgers University Press, 1991); Ronald Rainger, Keith R. Benson, and Jane Maienschein, *The American Development of Biology* (Philadelphia: University of Pennsylvania Press, 1988); republished in paperback (New Brunswick, NJ: Rutgers University Press, 1991).

2 Thomas Hunt Morgan, *The Development of the Frog's Egg: An Introduction to Experimental Embryology* (New York: Macmillan, 1897).

3 Thomas Hunt Morgan, *Embryology and Genetics* (New York: Columbia University Press, 1934); Jane Maienschein, "Garland

Allen, Thomas Hunt Morgan, and Development," *Journal of the History of Biology* 49 (2015): 587–601.

4   Alfred H. Sturtevant, "Thomas Hunt Morgan," *Biographical Memoirs of the National Academy of Sciences* 33 (1959): 283–325.

5   Thomas Hunt Morgan, *Regeneration* (New York: Macmillan, 1901), vii–viii.

6   Marga Vicedo, "T. H. Morgan: Neither an Epistemological Empiricist nor a 'Methodological Empiricist,'" *Biology and Philosophy* 5 (1990): 293–311; Nils Roll-Hansen, "Drosophila Genetics: A Reductionist Research Program," *Journal of the History of Biology* 11 (1978): 159–210.

7   Morgan, 1901, 255–56.

8   Morgan, 274.

9   Winthrop John Van Leuven Osterhout, "Jacques Loeb, 1859–1924," *Biographical Memoirs of the National Academy of Sciences* 13 (1930): 318–401. Reprinted from the Jacques Loeb Memorial Volume, *The Journal of General Physiology* VIII (no. 1, September 15, 1928): ix–xcii; Philip Pauly, *Controlling Life: Jacques Loeb and the Engineering Ideal in Biology* (New York: Oxford University Press, 1987).

10 Pauly, 55.

11 On biology at the University of Chicago, see Gregg Mitman and Adele E. Clarke, *Crossing the Borderlands: Biology at Chicago,* special issue of *Perspectives on Science* (Chicago: University of Chicago Press, 1993).

12 Pauly, 95.

13 Sturtevant, 288.

14 Pauly, 101–5.

15 Jacques Loeb, "On the Chemical Character of the Process of Fertilization and Its Bearing on the Theory of Life Phenomena," *Science* 26 (1907):425.

16 Loeb, "On the Chemical Character," 437.

17 Pauly, 148.

18 Jacques Loeb, *Mechanistic Conception of Life* (Chicago: University of Chicago Press, 1912), 3.

19 MBL Report for 1924, 25.

20 Jacques Loeb, *The Organism as a Whole* (New York: Putnam and Sons, 1916), chap. 7.

21 Osterhout, ix–xcii

22 Loeb, *Regeneration.*

23 Loeb, *Regeneration*, 6.

24 Loeb, *Regeneration*, 8.

25 John W. Boyer, *The University of Chicago: A History* (Chicago:

University of Chicago Press, 2015).

26 Libbie Hyman, "Charles Manning Child 1869–1954" in *Biographical Memoirs of the National Academy of Sciences* (Washington: National Academy of Sciences, 1957), 73–103.

27 Maienschein, 1991c, 133.

28 Charles Manning Child, *Individuality in Organisms* (Chicago: University of Chicago Press, 1915a), x.

29 Child, *Individuality*, x.

30 Child, 125.

31 Child, 87.

32 Lewis Wolpert, "Morgan's Ambivalence: Gradients and Regeneration," in *A History of Regeneration Research: Milestones in the Evolution of a Science*, ed. Charles E. Dinsmore (Cambridge: Cambridge University Press, 1991), 215.

33 Richard A. Liversage, "Origin of the Blastema Cells in Epimorphic Regeneration of Urodele Appendages: A History of Ideas," in *A History of Regeneration Research: Milestones in the Evolution of a Science*, ed. Charles E. Dinsmore (Cambridge: Cambridge University Press, 1991), 179–99.

34 Jane Maienschein, "Ross Granville Harrison (1870–1959) and Perspectives on Regeneration," *Journal of Experimental*

Zoology B 314 (2010): 607–15.

35 Magdalena Zernicka- Goetz and Roger Highfield, *The Dance of Life: The New Science of How a Single Cell Becomes a Human Being* (New York: Basic Books, 2020), 182.

36 Andrew R. Gehrke et al., "Acoel Genome Reveals the Regulatory Landscape of Whole-body Regeneration," *Science* 363 (2019): eaau6173. DOI: 10.1126/science.aau6173.

章 4

1 Anthony Trewavas, "A Brief History of Systems Biology: 'Every Object that Biology Studies Is a System of Systems,' Francois Jacob (1974)." *Plant Cell* 18 (2006): 2420–30.

2 Christopher Wanjek, "Systems Biology as Defined by NIH: An Intellectual Resource for Integrative Biology" (2016): https://irp.nih.gov/catalyst/v19i6/systems-biology-as-defined-by-nih (accessed 9 August 2020).

3 Arthur B. Pardee, François Jacob, and Jacques Monod, "The Role of the Inducible Alleles and the Constitutive Alleles in the Synthesis of Betagalactosidase in Zygotes of *Escherichia coli,*" *Comptes rendus hebdomadaires des seances de l'Academie des sciences* 246 (1958): 3125–28; Roy J. Britten and Eric H. Davidson, "Gene Regulation for Higher Cells: A Theory,"

Science 165 (1969): 349–57.

4   Sarah A. Elliott and Alejandro Sanchez Alvarado, "Planarians and the History of Animal Regeneration: Paradigm Shifts and Key Concepts in Biology," *Methods in Molecular Biology* 1774 (2018): 207–39.

5   Alejandro Sanchez Alvarado, "To Solve Old Problems, Study New Research Organisms," *Developmental Biology* 433 (2018): 111–14.

6   See Maienschein, *Whose View of Life?* and Jane Maienschein, *Embryos Under the Microscope: The Diverging Meanings of Life* (Cambridge, MA: Harvard University Press, 2014) on the history of stem cells, and Laplane, *Cancer Stem Cells*, on the philosophy of stem cells.

7   Nicholas Wade, "Scientists Cultivate Cells at Root of Human Life," *The New York Times*, November 6, 1998: https://www.nytimes.com/1998/11/06/us/scientists-cultivate-cells-at-root-of-human-life.html.

8   Marina Cavazzana-Calvo et al., "Gene Therapy of Human Severe Combined Immunodeficiency (SCID)-X1 disease," *Science* 288 (2000): 669–72.

9   Donald B. Kohn, "Gene Therapy for XSCID: The First Success of Gene Therapy," *Pediatric Research* 48, no. 5 (2000); Donald

B. Kohn, Michel Sadelain, and Joseph C. Glorioso, "Occurrence of Leukaemia Following Gene Therapy of X-linked SCID," *Nature Reviews Cancer* 3 (2003): 477–88.

10 Santiago Ramón y Cajal, *Degeneration and Regeneration of the Nervous System* (London: Oxford University Press, 1928).

11 Hanna Valli et al., "Germline Stem Cells: Toward the Regeneratión of Spermatogenesis," *Fertility and Sterility* 101, no. 1 (2014): 3–13.

12 Katsuhiko Hayashi et al., "Reconstitution of the Mouse Germ Cell Specification Pathway in Culture by Pluripotent Stem Cells," *Cell* 146 (2011): 519–32; Katsuhiko Hayishi and Mitinori Saitou, "Generation of Eggs from Mouse Embryonic Stem Cells and Induced Pluripotent Stem Cells," *Nature Protocols* 8, no. 8 (2013): 1513; Taichi Akahori, Dori C. Woods, and Jonathan L. Tilly, "Female Fertility Preservation Through Stem Cell–based Ovarian Tissue Reconstitution in vitro and Ovarian Regeneration in vivo," *Clinical Medicine Insights: Reproductive Health* 13 (2019): 1179558119848007.

13 Kate MacCord and B. Duygu Özpolat, "Is the Germline Immortal and Continuous? A Discussion in Light of iPSCs and Germline Regeneration," *Zenodo* (September 2019): doi:10.5281/zenod0.3385322.

14　B. Duygu Özpolat et al., "Plasticity and Regeneration of Gonads in the Annelid *Pristina leidyi*," *EvoDevo* 7 (2016): 1–15.

15　Keita Yoshida, et al., "Germ Cell Regeneration-mediated, Enhanced Mutagenesis in the Ascidian Ciona intestinalis Reveals Flexible Germ Cell Formation from Different Somatic Cells," *Developmental Biology* 423, no. 2 (2017): 111–25; Yuying Wang et al., "Nanos Function Is Essential for Development and Regeneration of Planarian Germ Cells," *Proceedings of the Na-tional Academy of Sciences* 104 no. 14 (2007): 5901–6; Leah C. Dannenberg and Elaine C. Seaver, "Regeneration of the Germline in the Annelid Capitella teleta," *Developmental Biology* 440, no. 2 (2018): 74–87; Angela N. Kaczmarczyk, "Germline Maintenance and Regeneration in the Amphipod Crustacean, Parhyale hawaiensis," PhD diss., University of California Berkeley (2014).

16　Arthur Tansley, "The Use and Abuse of Vegetational Concepts and Terms," *Ecology* 16, no. 3 (1935): 284–307.

17　Tansley, 299.

18　Eugene P. Odum, "The New Ecology," *Bioscience* 14 (1964): 14–16.

19　James P. Collins, "'Evolutionary Ecology' and the Use of

Natural Selection in Ecological Theory," *Journal of the History of Biology* 19 (1986): 257–88.

20 Richard Cavicchioli et al., "Scientists' Warning to Humanity: Microorganisms and Climate Change," *Nature Reviews Microbiology* 17 (2019): 569–86.

21 W. Ford Doolittle and S. Andrew Inkpen, "Processes and Patterns of Interaction as Units of Selection: An introduction to ITSNTS Thinking," *Proceedings of the National Academy of Sciences* 115 (2018): 4006–14; first published March 26, 2018: https://doi.org/10.1073/pnas.1722232115.

22 For history from the NIH perspective, see: https://commonfund.nih.gov/hmp; also Kenneth D. Aiello, "Systematic Analysis of the Factors Contributing to the Variation and Change of the Microbiome," PhD diss., Arizona State University (2018), and Kenneth D. Aiello and Michael Simeone, "Triangulation of History Using Textual Data," *ISIS* 110 (2019): 522–37. https://doi.org /10.1086/705541.

23 Martin J. Blaser, *Missing Microbes: How the Overuse of Antibiotics Is Fueling Our Modern Plagues* (New York: Henry Holt and Company, 2014).

參考資料

Aiello, Kenneth D. 2018. "Systematic Analysis of the Factors Contributing to the Variation and Change of the Microbiome." PhD diss., Arizona State University.

Aiello, Kenneth D., and Michael Simeone. 2019. "Triangulation of History Using Textual Data." *ISIS* 110: 522–37. https://doi.org/10.1086 /705541.

Akahori, Taichi, Dori C. Woods, and Jonathan L. Tilly. 2019. "Female Fertility Preservation through Stem Cell–based Ovarian Tissue Reconstitution in vitro and Ovarian Regeneration in vivo." *Clinical Medicine Insights: Reproductive Health* 13:1179558119848007.

Aristotle. 1902. *History of Animals*. Translated by Richard Cresswell, *Aristotle's History of Animals in Ten Books*. London: George Bell and Sons.

Baylis, Françoise. 2019. *Altered Inheritance: CRISPR and the Ethics of Human Genome Editing*. Harvard University Press.

Benson, Keith R., Jane Maienschein, and Ronald Rainger. 1991. *The Expansion of American Biology*. New Brunswick, NJ: Rutgers University Press.

Blaser, Martin J. 2014. *Missing Microbes: How the Overuse of Antibiotics Is Fueling Our Modern Plagues*. New York: Henry Holt and Company.

Bonnet, Charles. 1779–83. *Oeuvres d'histoire naturelle et de philosophie*. 18 vols. Neuchatel: S Fauche.

Boyer, John W. 2015. *The University of Chicago: A History*. Chicago: University of Chicago Press.

Britten, Roy J., and Eric H. Davidson. 1969. "Gene Regulation for Higher Cells: A Theory." *Science* 165: 349–57.

Caron, Joseph A. 1988. "'Biology' in the Life Sciences: A Historiographical Contribution." *History of Science* 26: 223–68.

Cavazzana-Calvo, Marina, Salima Hacein-Bey, Geneviève de Saint Basile, Fabian Gross, Eric Yvon, Patrick Nusbaum, Françoise

Selz, Christophe Hue, Stéphanie Certain, Jean Laurent Casanova, Philippe Bousso, Françoise Le Deist, and Alain Fischer. 2000. "Gene Therapy of Human Severe Combined Immunodeficiency(SCID)-X1 Disease." *Science* 288: 669–72.

Cavicchioli, Richard, William J. Ripple, Kenneth N. Timmis, Farooq Azam, Lars R. Bakken, Matthew Baylis, Michael J. Behrenfeld, Antje Boetius, Philip W. Boyd, Aimée T. Classen, Thomas W. Crowther, Roberto Danovaro, Christine M. Foreman, Jef Huisman, David A. Hutchins, Janet K. Jansson, David M. Karl, Britt Koskella, David B. Mark Welch, Jennifer B. H. Martiny, Mary Ann Moran, Victoria J. Orphan, David S. Reay, Justin V. Remais, Virginia I. Rich, Brajesh K. Singh, Lisa Y. Stein, Frank J. Stewart, Matthew B. Sullivan, Madeleine J. H. van Oppen, Scott C. Weaver, Eric A. Webb, and Nicole S. Webster. 2019. "Scientists' Warning to Humanity: Microorganisms and Climate Change," *Nature Reviews Microbiology* 17: 569–86.

Child, Charles Manning. 1915a. *Individuality in Organisms.* Chicago: University of Chicago Press.

Child, Charles Manning. 1915b. *Senescence and Rejuvenescence.* Chicago: University of Chicago Press.

Child, Charles Manning. 1941. *Patterns and Problems in*

Development. Chicago: University of Chicago Press.

Churchill, Frederick B. 1967. "Wilhelm Roux and a Program for Embryology." Harvard University PhD diss.

Churchill, Frederick B. 1991. "Regeneration, 1885–1901." In *A History of Regeneration Research: Milestones in the Evolution of a Science*, edited by Charles E. Dinsmore, 113–31. Cambridge: Cambridge University Press.

Churchill, Frederick B. 2015. *Weismann: Development, Heredity, and Evolution*. Cambridge, MA: Harvard University Press.

Collins, James P. 1986. "'Evolutionary Ecology' and the Use of Natural Selection in Ecological Theory." *Journal of the History of Biology* 19:257–88.

Crowe, Nathan, Michael R. Dietrich, Beverly Alomepe, Amelia Antrim, Bay Lauris ByrneSim, and Yi He. 2015. "The Diversification of Developmental Biology," *Studies in History and Philosophy of Biological and Biomedical Sciences* 53: 1–15.

Dannenberg, Leah C., and Elaine C. Seaver. 2018. "Regeneration of the Germline in the Annelid Capitella teleta." *Developmental Biology* 440 (no. 2): 74–87.

Dinsmore, Charles E. 1991. "Lazzaro Spallanzani: Regeneration in Context." In *A History of Regeneration Research: Milestones in the Evolution of a Science*, edited by Charles E. Dinsmore,

67–89. Cambridge: Cambridge University Press.

Dinsmore, Charles E. 1991. *A History of Regeneration Research: Milestones in the Evolution of a Science.* Cambridge: Cambridge University Press.

Doolittle, W. Ford, and S. Andrew Inkpen. 2018. "Processes and Patterns of Interaction as Units of Selection: An Introduction to ITSNTS Thinking." *Proceedings of the National Academy of Sciences* 115: 4006–14; first published March 26, 2018: https://doi.org /10.1073 /pnas.1722232115.

Driesch, Hans. 1891. "Entwicklungsmechanische Studien: I. Der Werthe der beiden ersten Furchungszellen in der Echinogdermenentwicklung. Experimentelle Erzeugung von Theil-und Doppelbildungen. II. Über die Beziehungen des Lichtez zur ersten Etappe der thierischen Form-bildung." *Zeitschrift fur wissenschaftliche Zoologie* 53: 160–84. Translated as "The Potency of the First Two Cleavage Cells in Echinoderm Development. Experimental Production of Partial and Double Formations." In *Foundations of Experimental Embryology*, edited by Benjamin H. Willier and Jane M. Oppenheimer, 38–50. New York: Hafner Press, 1964.

Elliott, Sarah A., and Alejandro Sanchez Alvarado. 2018. "Planarians and the History of Animal Regeneration:

Paradigm Shifts and Key Concepts in Biology." *Methods in Molecular Biology* 1774: 207–39.

Falcon, Andrea. 2019. "Aristotle on Causality." *Stanford Encyclopedia of Philosophy*. First published 2006. https://plato.stanford.edu/entries/aristotle-causality/.

Farber, Paul Lawrence. 2000. *Finding Order in Nature: The Naturalist Tradition from Linnaeus to E. O. Wilson.* Baltimore: Johns Hopkins University Press.

Gehrke, Andrew R., Emily Neverett, Yi-Jyun Luo, Alexander Brandt, Lorenzo Ricci, Ryan E. Hulett, Annika Gompers, J. Graham Ruby, Daniel S. Rokhsar, Peter W. Reddien, and Mansi Srivastava. 2019. "Acoel Genome Reveals the Regulatory Landscape of Whole-body Regeneration." *Science* 363: eaau6173. DOI: 10.1126/science.aau6173

Gesner, Conrad. 1551. *Historiae Anima.* Zurich: Apvd Christ. Froschovervm.

Goss, Richard J. 1991. "The Natural History (and Mystery) of Regeneration." In *A History of Regeneration Research: Milestones in the Evolution of a Science*, edited by Charles E. Dinsmore, 7–23. Cambridge: Cambridge University Press.

Hayashi, Katsuhiko, Hiroshi Ohta, Kazuki Kurimoto, Shinya Aramaki, and Mitinori Saitou. 2011. "Reconstitution of the Mouse Germ Cell Specification Pathway in Culture by Pluripotent Stem Cells." *Cell* 146: 519– 32.

Hayashi, Katsuhiko, and Mitinori Saitou. 2013. "Generation of Eggs from Mouse Embryonic Stem Cells and Induced Pluripotent Stem Cells." *Nature Protocols* 8 (no. 8): 1513.

Hyman, Libbie. 1957. "Charles Manning Child 1869–1954." *Biographical Memoirs of the National Academy of Sciences.* Washington, DC: National Academy of Sciences, 73–103.

Kaczmarczyk, Angela N. 2014. "Germline Maintenance and Regeneration in the Amphipod Crustacean, Parhyale hawaiensis." PhD diss., UC Berkeley.

Kohn, Donald B. 2000. "Gene Therapy for XSCID: The First Success of Gene Therapy." *Pediatric Research* 48 (no. 5): 578.

Kohn, Donald B., Michel Sadelain, and Joseph C. Glorioso. 2003. "Occurrence of Leukaemia Following Gene Therapy of X-linked SCID." *Nature Reviews Cancer* 3: 477–88.

Laplane, Lucie. 2016. *Cancer Stem Cells: Philosophy and Therapies.* Cambridge, MA: Harvard University Press.

Lehmann, Ruth, ed. 2019. *The Immortal Germline.* New York: Elsevier.

Lenhoff, Howard M., and Sylvia G. Lenhoff. 1988. "Trembley's Polyps." *Scientific American* 258: 108–13.

Lenhoff, Howard M., and Sylvia G. Lenhoff. 1989. "Challenge to the Specialist: Abraham Trembley's Approach to Research on the Organism—1744 and Today." *American Zoologist* 29: 1105–17. https://www.jstor.org /stable/3883509.

Lenhoff, Howard M., and Sylvia G. Lenhoff. 1991."Abraham Trembley and the Origins of Research on Regeneration in Animals." In *A History of Regeneration Research: Milestones in the Evolution of a Science*, edited by Charles E. Dinsmore, 47–66. Cambridge: Cambridge University Press.

Lennox, James. 2017. "Aristotle's Biology." *Stanford Encyclopedia of Philosophy*. First published 2006. https://plato.stanford. edu/entries/aristotle-biology/.

Liversage, Richard A. 1991. "Origin of the Blastema Cells in Epimorphic Regeneration of Urodele Appendages: A History of Ideas." In *A History of Regeneration Research: Milestones in the Evolution of a Science*, edited by Charles E. Dinsmore, 179–99. Cambridge: Cambridge University Press.

Loeb, Jacques. 1907. "On the Chemical Character of the Process of Fertilization and Its Bearing on the Theory of Life Phenomena." *Science* 26: 425–37.

Loeb, Jacques. 1912. *Mechanistic Conception of Life*. Chicago: University of Chicago Press.

Loeb, Jacques. 1916. *The Organism as a Whole*. New York: Putnam and Sons.

Loeb, Jacques. 1924. *Regeneration*. New York: McGraw-Hill.

MacCord, Kate, and B. Duygu Özpolat. 2019. "Is the Germline Immortal and Continuous? A Discussion in Light of iPSCs and Germline Regeneration." *Zenodo* (September). doi:10.5281/zenod0.3385322.

Maienschein, Jane. 1991a. "The Origins of Entwicklung smechanik," in *A Conceptual History of Modern Embryology*, edited by Scott Gilbert, 43–61. Cambridge: Cambridge University Press.

Maienschein, Jane. 1991b. "T. H. Morgan's Regeneration, Epigenesis, and (W)holism." In *A History of Regeneration Research: Milestones in the Evolution of a Science*, edited by Charles E. Dinsmore, 133–49. Cambridge: Cambridge University Press.

Maienschein, Jane. 1991c. *Transforming Traditions in American Biology, 1880–1915*. Baltimore: Johns Hopkins University Press.

Maienschein, Jane. 2005. *Whose View of Life? Embryos, Cloning, and Stem Cells*. Cambridge, MA: Harvard University Press.

Maienschein, Jane. 2010. "Ross Granville Harrison (1870–1959) and Perspectives on Regeneration," *Journal of Experimental Zoology B* 314: 607–15.

Maienschein, Jane. 2014. *Embryos Under the Microscope: The Diverging Meanings of Life.* Cambridge, MA: Harvard University Press.

Maienschein, Jane. 2015. "Garland Allen, Thomas Hunt Morgan, and Development." *Journal of the History of Biology* 49: 587–601.

Marine Biological Laboratory Annual Reports. 1925 for the year 1924. Available: https://hpsrepository.asu.edu/bitstream/handle/10776/1477/1924.pdf.

Mitman, Gregg, and Adele E. Clarke. 1993. "Crossing the Borderlands: Biology at Chicago," special issue of *Perspectives on Science.* Chicago: University of Chicago Press.

Morgan, Thomas Hunt. 1897. *The Development of the Frog's Egg: An Introduction to Experimental Embryology.* New York: MacMillan.

Morgan, Thomas Hunt. 1901. *Regeneration.* New York: Macmillan.

Morgan, Thomas Hunt. 1934. *Embryology and Genetics.* New York: Columbia University Press.

Newth, D. R. 1958. "New (and Better?) Parts for Old." In *New Biology,* edited by M. L. Johnson, M. Abercrombie, and G. E.

Fogg. London: Penguin Books, 47–62.

Odum, Eugene P. 1964. "The New Ecology." *Bioscience* 14: 14–16.

Oliphint, Paul A., Naila Alieva, Andrea E. Foldes, Eric D. Tytell, Billy Y B. Lau, Jenna S. Pariseau, Avis H. Cohen, and Jennifer R. Morgan. 2010. "Regenerated Synapses in Lamprey Spinal Cord Are Sparse and Small Even After Functional Recovery from Injury." *Journal of Comparative Neurology* 518: 2854–72.

Osterhout, Winthrop John Van Leuven. 1930. "Jacques Loeb, 1859–1924." *Biographical Memoirs of the National Academy of Sciences* 13: 318–401. Reprinted from the Jacques Loeb Memorial Volume. *The Journal of General Physiology* VIII (no. 1; September 15, 1928): ix–xcii.

Özpolat, B. Duygu, Emily S. Sloane, Eduardo E. Zattara, and Alexandra E. Bely. 2016. "Plasticity and Regeneration of Gonads in the Annelid Pristina leidyi." *EvoDevo* 7: 1–15.

Pardee, Arthur B., François Jacob, and Jacques Monod. 1958. "The Role of the Inducible Alleles and the Constitutive Alleles in the Synthesis of Beta- galactosidase in Zygotes of *Escherichia coli.*" *Comptes rendus hebdomadaires des seances de l'Academie des sciences* 246: 3125–28.

Pauly, Philip. 1987. *Controlling Life: Jacques Loeb and the*

Engineering Ideal in Biology. New York: Oxford University Press.

Rainger, Ronald, Keith R. Benson, and Jane Maienschein. 1988. *The American Development of Biology*. Philadelphia: University of Pennsylvania Press; republished in paperback 1991. New Brunswick, NJ: Rutgers University Press.

Ramón y Cajal, Santiago. 1928. *Degeneration and Regeneration of the Nervous System*. London: Oxford University Press.

Réaumur, René-Antoine Ferchault de. 1712. "Sur les Diverses Reproductions qui se font dans les Ecrevisse, les Omars, les Crabes, etc. Et entr'autres sur celles de leurs Jambes et de leurs Écailles." *Memoires de l'Academie Royale des Sciences* 1712: 223–45.

Roe, Shirley A. 1981. *Matter, Life, and Generation. 18th-Century Embryology and the Haller-Wolff Debate*. Cambridge: Cambridge University Press.

Roll-Hansen, Nils. 1978. "Drosophila Genetics: A Reductionist Research Program." *Journal of the History of Biology* 11: 159–210.

Roux, Wilhelm. 1881. *Der Kampf der Theile im Organismus. Ein Beitrag zur vervollständigung der mechanischen Zweckmässigkeitslehre*. Leipzig: W. Englemann.

Roux, Wilhelm. 1888. "Beiträge zur Entwickelungsmechanik des Embryo. Über die kunstliche Hervorbringung halber Embryonen durch Zerstörung einer der beiden ersten Furchungskugeln, sowie über die Nachentwickelung (Postgeneration) der fehlenden Körperhälfte." *Virchows Archiv für Pathologische Anatomie und Physiologie und fur Klinische Medizin* 114:113–53. Translated as "Contributions to the Development of the Embryo. On the Artificial Production of One of the First Two Blastomeres, and the Later Development (Postgeneration) of the Missing Half of the Body." In *Foundations of Experimental Embryology*, edited by Benjamin H. Willier and Jane M. Oppenheimer, 2–37. New York: Hafner Press, 1964.

Sánchez Alvarado, Alejandro. 2018. "To Solve Old Problems, Study New Research Organisms." *Developmental Biology* 433: 111–14.

Skinner, Dorothy M., and John S. Cook. 1991. "New Limbs for Old: Some Highlights in the History of Regeneration in Crustacea." In *A History of Regeneration Research: Milestones in the Evolution of a Science*, edited by Charles E. Dinsmore, 25–45. Cambridge: Cambridge University Press.

Smelick, Chris, and Shawn Ahmed. 2005. "Achieving Immortality in the C. elegans Germline." *Ageing Research Reviews* 4: 67–82.

Spallanzani, Lazzaro. 1768. https://archive.org/stream/b30356167?ref=ol#mode/2up "Prodromo di un opera da imprimersi sopra la rirproduzioni animali." Modena: Giovanni Montanari. Translated by Matthew Maty. 1769. "An Essay on Animal Reproductions." London: T. Becket and P. A. de Hondt.

Sunderland, Mary E. 2010. "Regeneration: Thomas Hunt Morgan's Window into Development." *Journal of the History of Biology* 43: 325–61.

Sturtevant, Alfred H. 1959. "Thomas Hunt Morgan." *Biographical Memoirs of the National Academy of Sciences* 33: 283–325.

Tansley, Arthur. 1935. "The Use and Abuse of Vegetational Concepts and Terms." *Ecology* 16(3): 284–307.

Terrall, Mary. 2014. *Catching Nature in the Act. Réaumur and the Practice of Natural History in the Eighteenth Century.* Chicago: University of Chicago Press.

Trembley, Abraham. 1744. *Mémoirs pour servir à l'histoire d'un genre de polypes d'eau douce, à bras en forme de cornes.* Leiden: Verbeck. Translated by Howard M. Lenhoff and Sylvia G. Lenhoff. 1986. *Hydra and the Birth of Experimental*

Biology, 1744: Abraham Trembley's Memoirs Concerning the Natural History of a Type of Freshwater Polyp with Arms Shaped Like Horns. Pacific Grove, CA: Boxwood Press.

Trewavas, Anthony. 2006. "A Brief History of Systems Biology. 'Every Object that Biology Studies Is a System of Systems.' Francois Jacob (1974)." *Plant Cell* 18: 2420–30.

Valli, Hanna, Bart T. Phillips, Gunapala Shetty, James A. Byrne, Amander T. Clark, Marvin L. Meistrich, and Kyle E. Orwig. 2014. "Germline Stem Cells: Toward the Regeneration of Spermatogenesis." *Fertility and Sterility* 101 (no. 1): 3–13.

Van Dyne, George M. 1966. "Ecosystems, Systems Ecology, and Systems Ecologists." Report from Oak Ridge National Laboratory.

Vicedo, Marga. 1990. "T. H. Morgan: Neither an Epistemological Empiricist nor a 'Methodological Empiricist.'" *Biology and Philosophy* 5: 293–311.

Wade, Nicholas. 1998. "Scientists Cultivate Cells at Root of Human Life." *The New York Times.* November 6, 1998: https://www.nytimes.com/1998/11/06/us/scientists-cultivate-cells-at-root-of-human-life.html.

Wang, Yuying, Ricardo M. Zayas, Tingxia Guo, and Phillip A. Newmark. 2007. "Nanos Function Is Essential for

Development and Regeneration of Planarian Germ Cells." *Proceedings of the National Academy of Sciences* 104 (no. 14): 5901–6.

Wanjek, Christopher. 2016. "Systems Biology as Defined by NIH. An Intellectual Resource for Integrative Biology." https://irp.nih.gov/catalyst/v19i6/systems-biology-as-defined-by-nih(accessed 9 August 2020).

Wheeler, William Morton. 1895. "Translation of Wilhelm Roux's 'The Problems, Methods and Scope of Developmental Mechanics.'" *Biological Lectures of the Marine Biological Laboratory*, Woods Hole, 149–90.

Wilson, Edmund Beecher. 1896. *The Cell in Development and Inheritance*. New York: Macmillan.

Wolpert, Lewis. 1991. "Morgan's Ambivalence: Gradients and Regeneration." In *A History of Regeneration Research: Milestones in the Evolution of a Science*, edited by Charles E. Dinsmore, 201–17. Cambridge: Cambridge University Press.

Yoshida, Keita, Akiko Hozumi, Nicholas Treen, Tetsushi Sakuma, Takashi Yamamoto, Maki Shirae-Kurabayashi, and Yasunori Sasakura. 2017. "Germ Cell Regeneration-mediated, Enhanced Mutagenesis in the Ascidian Ciona intestinalis Reveals Flexible Germ Cell Formation from Different

Somatic Cells." *Developmental Biology* 423 (no. 2): 111–25.

Zernicka- Goetz, Magdalena, and Roger Highfield. 2020. *The Dance of Life. The New Science of How a Single Cell Becomes a Human Being.* New York: Basic Books.

科學人文 86

再生：幹細胞治療、再生醫學，生命科學研究新趨勢
What Is Regeneration?

作　者—珍·梅恩沙茵（Jane Maienschein）、凱特·麥蔻德（Kate MacCord）
譯　者—徐仕美
編　輯—張啟淵
企　劃—鄭家謙
封面設計—吳郁嫻

董 事 長—趙政岷
出 版 者—時報文化出版企業股份有限公司
　　　　　108019 臺北市和平西路三段二四〇號四樓
　　　　　發行專線—（〇二）二三〇六六八四二
　　　　　讀者服務專線—〇八〇〇二三一七〇五 （〇二）二三〇四七一〇三
　　　　　讀者服務傳真—（〇二）二三〇四六八五八
　　　　　郵撥——九三四四七二四時報文化出版公司
　　　　　信箱— 10899 臺北華江橋郵局第九九信箱

時報悅讀網— http://www.readingtimes.com.tw
法律顧問—理律法律事務所 陳長文律師、李念祖律師
印刷—家佑印刷有限公司
初版一刷—二〇二三年三月三十一日
定價—新臺幣三四〇元
（缺頁或破損的書，請寄回更換）

時報文化出版公司成立於一九七五年，
並於一九九九年股票上櫃公開發行，於二〇〇八年脫離中時集團非屬旺中，
以「尊重智慧與創意的文化事業」為信念。

再生：幹細胞治療、再生醫學, 生命科學研究新趨勢/珍. 梅恩沙茵(Jane
Maienschein), 凱特. 麥蔻德(Kate MacCord) 著；徐仕美譯. -- 初版. --
臺北市：時報文化出版企業股份有限公司, 2023.03
　面；　公分. -- (科學人文；86)
譯自：What is regeneration?
ISBN 978-626-353-531-2(平裝)

1.CST: 再生 2.CST: 細胞生物學

364.61　　　　　　　　　　　　　　　　　112001315

ISBN 978-626-353-531-2
Printed in Taiwan